TiO$_2$ 基钙钛矿太阳能电池的界面修饰及其光电性能的研究

冯 爽 著

哈尔滨工程大学出版社
Harbin Engineering University Press

内容简介

本书基于著者近年来在钙钛矿太阳能电池方面的科研成果,深入地分析了电子传输层/钙钛矿吸光层的界面及钙钛矿薄膜结晶的质量对钙钛矿太阳能电池的载流子传输和光电性能的影响。全书共 5 章,第 1 章对太阳能电池和钙钛矿太阳能电池的发展概况、基本原理等内容进行简单介绍。第 2 章介绍了实验所需的材料及相应的表征测试手段。第 3 章和第 4 章介绍了不同界面修饰方法对钙钛矿太阳能电池性能的影响和界面处载流子的传输机制。第 5 章介绍了混合溶剂蒸气退火对钙钛矿薄膜结晶质量和钙钛矿太阳能电池稳定性的影响。

本书为电池制备提供技术参考和理论基础,可供从事钙钛矿太阳能电池和其他相关专业的科技人员参考使用。

图书在版编目(CIP)数据

TiO_2 基钙钛矿太阳能电池的界面修饰及其光电性能的研究/冯爽著. —哈尔滨:哈尔滨工程大学出版社,2022.6
ISBN 978 - 7 - 5661 - 3531 - 5

Ⅰ. ①T… Ⅱ. ①冯… Ⅲ. ①钙钛矿型结构 - 太阳能电池 Ⅳ. ①TM914.4

中国版本图书馆 CIP 数据核字(2022)第 091212 号

选题策划	雷 霞
责任编辑	张 彦 关 鑫
封面设计	刘长友

出版发行	哈尔滨工程大学出版社
社　　址	哈尔滨市南岗区南通大街 145 号
邮政编码	150001
发行电话	0451 - 82519328
传　　真	0451 - 82519699
经　　销	新华书店
印　　刷	北京中石油彩色印刷有限责任公司
开　　本	787 mm×960 mm　1/16
印　　张	5.25
字　　数	101 千字
版　　次	2022 年 6 月第 1 版
印　　次	2022 年 6 月第 1 次印刷
定　　价	30.00 元

http://www.hrbeupress.com
E-mail:heupress@ hrbeu.edu.cn

前　言

能源是人类社会发展的推动力。随着全球经济的飞速发展，人们在能源利用方面出现了供不应求的窘迫状态。太阳能资源总量相当于目前人类所利用的其他能源总量的 10 000 多倍，储量极其丰富，还具备清洁无污染、分布广泛等优势。太阳能电池能够充分利用太阳能进行光伏发电，把太阳能直接转变为电能。自 2009 年"钙钛矿太阳能电池（PSCs）"被首次提出后，人们开始投入大量的精力去研究和开发这一新型太阳能电池。随着电池制备工艺与材料的不断优化，钙钛矿太阳能电池的效率逐步提高。

对于介孔结构钙钛矿太阳能电池来说，二氧化钛（TiO_2）常被作为电子传输层以改善器件的电子收集能力。但是，无论是文献报道还是实验结果均显示，基于 TiO_2 纳米棒的钙钛矿吸光层孔隙填充度较低、薄膜结晶性较差，与电子传输层的界面结合也较差。因此，本书围绕改善电子传输层/钙钛矿吸光层的界面及提高钙钛矿薄膜的质量等方面进行了实验探究，分别利用溶胶凝胶浸涂法和化学水浴沉积法修饰 TiO_2 纳米棒表面，优化电子传输层/钙钛矿吸光层的界面；同时利用混合溶剂对钙钛矿进行热处理，达到改善钙钛矿薄膜的质量、提高光伏器件的性能和稳定性的目的。本书内容主要分为以下 5 个部分：第 1 章对太阳能电池和钙钛矿太阳能电池的发展概况、基本原理等进行简单介绍。第 2 章介绍了实验所需的材料及相应的表征测试手段。第 3 章介绍了利用溶胶凝胶浸涂法对 TiO_2 纳米棒表面进行修饰，研究了 TiO_2 纳米颗粒的修饰效果，通过表征手段分析其对钙钛矿光伏器件的影响。第 4 章利用化学水浴沉积法对 TiO_2 纳米棒表面进行修饰，研究了暴露（001）晶面的纳米小方块的形成机制，深入地探究了界面修饰及混相异质结对钙钛矿器件光电性能的影响。第 5 章将钙钛矿在混合溶剂蒸气下退火，利用溶剂工程探究其对钙钛矿薄膜形貌及钙钛矿太阳能电池稳定性的影响。

本书由内蒙古民族大学博士科研启动基金（BS531）和内蒙古自治区高等学

校科学技术研究项目(NJZZ22459)资助出版。本书在著作的过程中得到许多同行、专家的帮助和支持,在此致以诚挚的谢意。另外,本书在著作过程中借鉴了一些专家、学者的文献著述,由于各方面条件有限,无法一一取得联系,在此一并表示感谢!

  限于著者水平和经验有限,加之时间仓促,不足之处在所难免,恳请各位读者批评指正。

著者

2022年5月

目 录

第1章 绪论 ··· 1

　1.1 太阳能电池 ·· 1

　1.2 钙钛矿太阳能电池 ·· 4

　1.3 钙钛矿太阳能电池的界面修饰 ··································· 10

　1.4 参考文献 ··· 11

第2章 实验材料和表征测试 ·· 18

　2.1 实验材料 ··· 18

　2.2 实验仪器设备 ·· 19

　2.3 样品的结构与性能表征 ··· 19

第3章 溶胶凝胶浸涂法修饰电子传输层及其对钙钛矿太阳能电池性能的影响 ··· 24

　3.1 引言 ··· 24

　3.2 实验部分 ··· 25

　3.3 TiO_2 致密层的表征 ··· 28

　3.4 溶胶凝胶浸涂法制备 TiO_2 纳米颗粒/纳米棒混合薄膜的表征 ······ 28

　3.5 基于 TiO_2 纳米颗粒/纳米棒混合薄膜的钙钛矿太阳能电池的性能研究 ··· 31

　3.6 不同 TiO_2 纳米颗粒浸涂次数对钙钛矿太阳能电池性能的影响 ······ 35

　3.7 参考文献 ··· 39

第4章 化学水浴沉积法修饰电子传输层及其对钙钛矿太阳能电池性能的影响 ··· 45

　4.1 引言 ··· 45

 4.2 实验方法 ·· 46
 4.3 化学水浴沉积法制备 TiO_2 纳米颗粒/纳米棒混合薄膜、TiO_2 纳米块/纳米棒混合薄膜的表征 ·· 47
 4.4 基于 TiO_2 纳米颗粒/纳米棒混合薄膜、TiO_2 纳米块/纳米棒混合薄膜的钙钛矿太阳能电池性能的研究 ·· 54
 4.5 参考文献 ·· 60

第5章 混合溶剂蒸气退火对钙钛矿薄膜和电池性能的影响 ············· 65
 5.1 引言 ··· 65
 5.2 实验部分 ·· 66
 5.3 不同体积比混合溶剂条件下的钙钛矿太阳能电池性能研究 ········ 67
 5.4 电池的长期稳定性能分析 ·· 72
 5.5 参考文献 ·· 75

第1章 绪　　论

1.1 太阳能电池

1.1.1 太阳能电池的发展概况

太阳能电池的发展历史可以追溯到19世纪30年代,经历了约190年的漫长历程。1839年,来自法国的科学家E. Becquerel发现,浸在溶液中的两个金属片在光照时能够出现额外的伏打电势,光生伏特效应首次在液体电解液里被观察到[1-2]。此后,美国的科学家C. E. Fritts于1883年通过将Au(金)电极镀在以金属薄膜为基底的Se(硒)膜上,成功地制备出Au/Se/Metal结构的太阳能电池,这是太阳能发展史上第一块有光电转换效率(η_{PCE})的太阳能电池[3]。尽管该电池的效率只有1%,但该实验的真正意义是实现了太阳能电池的制备和发展的历史性突破。1954年,美国贝尔实验室的科学家D. M. Chapin、C. S. Fuller、G. L. Pearson首次制备出光电转换效率可达6%的、具有实用价值的单晶硅太阳能电池,这次突破可称为太阳能电池发展中的里程碑[4]。他们提出的电池结构和机理被延续至今,为科研工作提供了长久的帮助。1991年,瑞士M. Grätzel教授等人从植物利用太阳能进行光合作用的原理中获得启发,首次基于TiO_2纳米多孔进行染料分子敏化,成功地制备出光电转换效率为7.9%的低成本染料敏化太阳能电池,开辟了太阳能电池发展史上一个崭新的时代[5]。2009年,日本A. Kojima教授等人首次将钙钛矿(perovskite)材料$CH_3NH_3PbI_3$和$CH_3NH_3PbBr_3$作为染料应用到染料敏化太阳能电池中,并分别获得了3.8%和3.13%的光电转换效率,钙钛矿太阳能电池(PSCs)第一次走入人们的视野[6]。PSCs以其优越的材料性质引起了人们极大的兴趣,越来越多的课题组加入PSCs研发的队伍。根据最新报道,PSCs的光电转换效率为25.7%,逐渐向极限理论值靠近[7]。

1.1.2 太阳能电池的基本工作原理

光生伏特效应是指当物体受到光照时,电荷在物体内部的分布状态发生变化,产生电流和电动势的一种效应。在气体、液体和固体中均可产生这种效应,但是在固体中(尤其是在半导体中),光能转换为电能的效率特别高,因此半导体中的光生伏特效应被研究得最为广泛,人们据此制备出了大量的半导体太阳能电池。太阳能电池的基本工作原理就是基于这种光生伏特效应[8]。图1.2是太阳能电池的工作原理示意图。当入射光(太阳光或太阳光模拟光源)照射在半导体表面时,如果光子的能量比半导体的禁带宽度大,大量的光生电子-空穴对随之会在其内部被激发出。产生的光生电子-空穴对在内建电场的作用下立刻被分离,电子移向负电极,空穴则移向正电极,最终在正负电极之间形成电势差。电势差的存在使光电流得以产生,光能成功地被转换为电能。

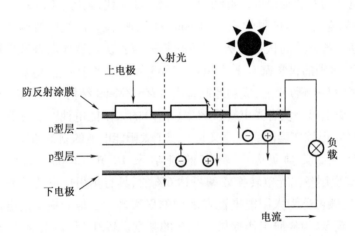

图1.2 太阳能电池的工作原理示意图

1.1.3 太阳能电池的分类

随着光伏产业不断发展壮大,太阳能电池的制备工艺不断优化,太阳能电池的种类也变得多种多样。太阳能电池可以按照结构、基体材料、用途等分类,本章主要按照基体材料的差异将太阳能电池分成3大类,如图1.3所示。

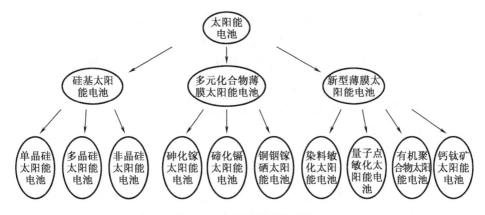

图1.3 太阳能电池的分类

1. 硅基太阳能电池

硅基太阳能电池主要分为单晶硅太阳能电池[9-13]、多晶硅太阳能电池[14-18]和非晶硅太阳能电池[19-21]。在众多的太阳能电池中,单晶硅太阳能电池应用最为广泛,占光伏市场的80%左右。因为硅的储量非常丰富,并且这类材料安全无毒,所以被越来越多的光伏工作者认可。单晶硅太阳能电池发展得最早,工艺技术较为成熟,已经实现了太阳能电池的商业化(商业化效率可达12%)。目前被认证的单晶硅太阳能电池的光电转换效率已经超过25%。但是,单晶硅太阳能电池也存在制备工艺复杂、造价昂贵,生产过程中伴随着高能耗、高污染等问题。针对这些问题,科研工作者研发了性能稳定、造价低廉的多晶硅太阳能电池。这类电池可以使用成本相对较低的石墨、陶瓷或次级硅等材料,同时也可实现大面积制备。相比于单晶硅和多晶硅太阳能电池,非晶硅太阳能电池具备制备流程更简易、耗材较少的优势,但是这种太阳能电池的使用寿命短,极大地限制了其应用空间。

2. 多元化合物薄膜太阳能电池

多元化合物薄膜太阳能电池包括碲化镉太阳能电池(CdTe)[22-23]、砷化镓(GaAs)太阳能电池[24-25]、铜铟镓硒太阳能电池(CIGS)[26-27]等。因为多元化合物薄膜太阳能电池具有较强的光吸收性能,因此其所需要的吸收层厚度相对较薄,这样就明显地降低了成本。制备电池的基底可以选择较为廉价的材料,如金属片或玻璃等。在制备工艺多样化的当下,常见的几种多元化合物薄膜太阳能电池已经实现产业化。GaAs因为具有较高的吸收效率、耐高温、抗辐照等特性,在电池基体材料的选择上占有很大优势。CdTe的材料因具有与太阳光谱匹配的带隙($E_g = 1.45$ eV)和较高的光吸收系数等而受到人们的广泛关注。CIGS的材料具有良好的抗辐射能力和较宽的光吸收范围,基于这种材料的电池的光电转换效率可以与多晶硅太阳能电池相当,具有很好的应用前景。这几种常见的多元化合物薄膜太阳能电池,除了具有以上的优势外还存在不能忽视的问题,即安全性问题。这些材料涉及的元素如砷(As)和镉(Cd),属于剧毒元素,铟(In)和硒(Se)元素即使没有很强的毒性,但二者在自然界中储量稀少的这一特性也限制了其更好地发展。

3. 新型薄膜太阳能电池

与其他两类电池相比,新型薄膜太阳能电池的材料更加绿色环保,成本也相对低廉。1991 年,瑞士 M. Grätzel 教授等人用金属钌的配合物敏化多孔 TiO_2 纳米薄膜成功制备出光电转换效率为 7.9% 的低成本染料敏化太阳能电池。人们对染料敏化太阳能电池的研发就是受到植物光合作用的启发,二者具有相似的工作原理。当染料分子受到太阳光照射时,染料被吸附在纳米多孔半导体薄膜的表面并在光能的作用下发生跃迁,从基态跃迁至激发态,最后通过半导体氧化物材料进行载流子的分离和迁移。常见的电解质为液态电解质,这类材料容易挥发,极大地影响了器件的稳定性。随后出现的固态电解质很好地解决了这个问题,但是在固态电解质与阳极的结合界面出现了结合性欠佳的问题,同时固体电解质的电导率也相对较低,所以它的出现也没能彻底改善染料敏化太阳能电池存在的问题。量子点敏化太阳能电池与染料敏化太阳能电池基本相同,不同之处在于染料敏化太阳能电池的染料分子被半导体量子点替换。量子点是可以通过调整量子点的形状和尺寸来对量子点的能级进行优化、具有量子效应的准零维纳米半导体材料。目前为止,量子点太阳能电池获得的最佳光电转换效率可达 10.6%。量子点材料具有储量丰富、带隙易于调节等优点。有机聚合物太阳能电池具备制备工艺简单和器件质量轻等优点,在光伏领域也具有良好的应用前景。

1.2 钙钛矿太阳能电池

钙钛矿太阳能电池一经出现,便吸引了大量科研工作者的目光。钙钛矿太阳能电池的光电转换效率飞速增长,而且最高的纪录不断被刷新[7]。钙钛矿的优异性能可以与硅和其他成熟的薄膜技术相媲美。

1.2.1 钙钛矿太阳能电池的发展概况

1956 年,人们首次在 $BaTiO_3$ 中发现了光电流的存在[28]。当时基于钙钛矿材料产生的光伏现象仅仅与空间电荷的晶体表面形成的内建电场有关,获得的光电转换效率不足 1%。直至 1978 年,D. Weber 首次在卤素钙钛矿的结构基础上引入甲胺离子($CH_3NH_3^+$),制备出了典型的有机-无机杂化钙钛矿材料 $CH_3NH_3MX_3$,并对其物理性质进行了研究[29]。2009 年,日本 A. Kojima 教授等人首次将钙钛矿材料 $CH_3NH_3PbI_3$ 和 $CH_3NH_3PbBr_3$ 作为染料应用到染料敏化太阳能电池中,并分别获得了 3.8% 和 3.13% 的光电转换效率[6]。直至 2012 年,钙钛矿获得了一个真正意义上的突破,光电转换效率高达 9.7%,电池的稳定性也得到了很大的提高[30]。该电池是由韩国首尔成均馆大学化学工程学院 N. G. Park 组和瑞士洛桑联邦理工学院 Michael Grätzel 组报道的一种以介孔 TiO_2 为支架层,以 $CH_3NH_3PbI_3$ 为活性吸光层,以 2,2′,7,7′-四[N,N-二(4-甲氧基苯基)氨基]-9,9′-螺二芴(spiro-MeOTAD)为空穴传输材料(HTM)的固态异质结钙钛矿太阳能电池。spiro-MeOTAD 的引入在钙钛矿太阳能电池发展史上具有转折意义。随后人们不断改进钙钛矿材料的制备工艺、元素调控、界面及器件结构等,推动了钙钛矿太阳能电池的发展,其光电转换效率纪录也不断被突破。在 2013 年之前,关于卤化物钙钛矿光伏器件仅有 7 篇论文在期刊上公开发表。然而截至 2013 年年底,该领域的相关论文则以平均每月 7 篇的速度被发表,钙钛矿太阳能电池在该年被 *Science* 评价为"国际十大科技进展"之一。这些研究论文为电池制备方法的多样性提供了可靠的依据。随着人们对钙钛矿太阳能电池研究投入的时间和精力的不断增多,钙钛矿太阳能电池的光电转换效率逐渐向极限理论值靠近。

1.2.2 钙钛矿材料的结构与性质

狭义的钙钛矿是指 19 世纪科学家在钙钛矿石中发现的一种成分为 $CaTiO_3$ 的矿物。但是,从广义上讲,钙钛矿则是一种典型的杂化层状结构,用通用的化学式"ABX_3"表示。其中,A 代表半径较大的阳离子,B 代表半径较小的阳离子,X 则代表阴离子。图 1.4 是钙钛矿材料的晶体结构示意图。

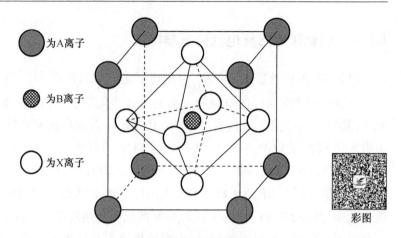

图 1.4　钙钛矿材料的晶体结构示意图

(图片来源：ZHOU R，YANG Z，XU J Z，et al. Synergistic combination of semiconductor quantum dots and organic-inorganic halide perovskites for hybrid solar cells[J]. Coordination Chemistry Reviews，2018，374：279－313.)

在典型的有机－无机杂化钙钛矿体系中，A 离子位于正方体的八个顶点，通常是一些有机阳离子，如甲胺阳离子($CH_3NH_3^+$)、甲脒阳离子($HC(NH_2)_2^+$)和铯离子(Cs^+)等。这类有机阳离子只能起到补偿晶格电荷的作用，并不会影响材料的能带结构[31]。但是，改变 A 离子半径的大小会使 B 离子与 X 离子之间的键长发生变化，进而影响材料的带隙。这种现象可归因于 A 离子的改变直接引起了晶格的膨胀和收缩。同时，如果 A 离子半径过大，会导致钙钛矿三维结构被破坏。B 离子位于正方体的中心(体心位置)，通常是二价的金属离子，如锡离子(Sn^{2+})、铅离子(Pb^{2+})及锗离子(Ge^{2+})等。研究表明，B 离子与 X 离子之间的键角与带隙有着直接的关系，带隙会随着键角的增大而降低。X 离子占据六面体的面心位置，通常是指卤素阴离子[氯离子(Cl^-)、溴离子(Br^-)、碘离子(I^-)等]或由这些阴离子混合而成。由于 X 离子的变化可以引起晶格常数的改变，因此人们通过改变元素的掺杂比例来对钙钛矿材料的光吸收进行调控。

由此可知，离子键会影响材料的光学性质，同时也会影响钙钛矿晶体的对称性。理想的钙钛矿的空间群为 Pm3m，从离子半径上看，阳离子 A 与阴离子 X 的大小相当。因此，基于密堆积可以得到 3 种离子半径间的几何关系。

$$(R_X + R_A) = \sqrt{2}(R_X + R_B) \tag{1.1}$$

式中，R_A 为 A 离子半径，R_B 为 B 离子半径，R_X 则是 X 离子半径。对于实际钙钛矿化合物中离子种类和大小的不同，可以用容忍因子 t(tolerance factor)表示离子

半径对钙钛矿结构对称性的影响。它们之间的关系为

$$t = (R_X + R_A)/\sqrt{2}(R_X + R_B) \tag{1.2}$$

从式(1.2)可以看出,若 $t=1$,钙钛矿材料 ABX_3 就是具有最高对称性的立方晶系;当 t 值与 1 相比偏离很多时,晶体将会由高对称的立方晶系逐渐转为低对称结构。这种情况可以描述为钙钛矿的晶格发生了扭转相变。研究发现,对于稳定的钙钛矿晶体结构来说,t 值应介于 0.78~1.05 之间[32-33]。目前应用最广泛的钙钛矿材料是 $CH_3NH_3PbI_3$,它具有带隙较合适、吸光系数高、激子束缚能较低等优势。$CH_3NH_3PbI_3$ 材料的载流子迁移率可以达到 50 $cm^2/(V \cdot S)$,载流子的扩散长度也可达到 100 nm[34]。

1.2.3 钙钛矿太阳能电池的结构与工作原理

以导电玻璃(FTO 或 ITO)为基底,依次沉积电子传输层(致密层、介孔支架层)、钙钛矿光吸收层、空穴传输层和制备对电极(金属电极),最终获得钙钛矿太阳能电池的完整结构。可以根据有无介孔支架层将钙钛矿太阳能电池分为介孔结构太阳能电池和平面异质结结构太阳能电池,如图 1.5 所示[35]。

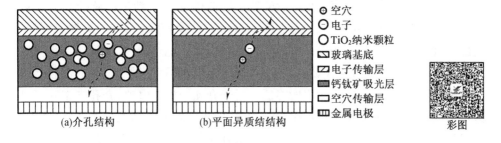

图 1.5 钙钛矿介孔结构太阳能电池和平面异质结结构太阳能电池示意图

高效的钙钛矿太阳能电池的光电转换原理是基于光生伏特效应的,核心思想是通过光吸收产生载流子和载流子的分离。当光照射在电池表面上时,具有双极性特点的钙钛矿层可以吸收光子并产生电子-空穴对。由于钙钛矿本身具有较小的激子束缚能和较大的介电常数,载流子可以很容易地发生解离。电子受激跃迁至电子传输材料的导带处,接着由导电基底对传输过来的电子进行收集。被激发的空穴则注入空穴传输材料的 HOMO 能级,再由金属电极对传输过来的空穴进行收集。最后在正、负极之间形成了电势差,如果用导线连接两极再外接一个负载,就会有闭合电流产生并对外电路的负载做功,如图 1.6 所示。

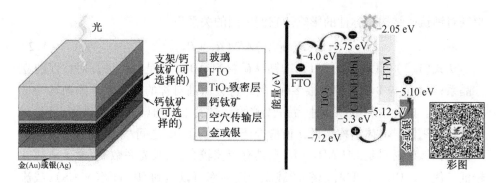

图1.6 钙钛矿太阳能电池工作原理示意图

1.2.4 钙钛矿太阳能电池的制备

1. 钙钛矿太阳能电池的电子传输层

在钙钛矿太阳能电池中,电子传输层主要包括致密层和介孔层两个部分。致密层不仅能将电子传输至玻璃基底,还能起到阻挡空穴的作用,有效地避免由空穴与导电基底接触引起的短路问题。通常,TiO_2和二氧化锡(SnO_2)是制备致密层的主要材料[36-37]。应用最广泛的致密层材料为TiO_2纳米颗粒(NPs),可以通过四氯化钛水解、溶胶凝胶浸涂(dip-coating,dc)及旋涂(乙酰丙酮钛、钛酸异丙酯等)的方法制备。对于制备高效率的钙钛矿太阳能电池来说,致密层需要致密平整且能够很好地覆盖在玻璃基底上,同时薄膜也不宜过厚,过厚的薄膜会增加电阻,进而导致电子收集效率的降低。对于介孔结构的电池,介孔支架除了可以传输电子外,还可以负载钙钛矿光吸收层,促进钙钛矿晶体的生长。常见的介孔材料包括氧化锌(ZnO)[38-41]、氧化锆(ZrO_2)[42-44]、SnO_2[45-46]及TiO_2[47-51]等金属氧化物。其中,TiO_2纳米材料因为具有带隙合适、制备工艺简易及电子寿命较长等优势在电池介孔层中应用最为广泛。据报道,TiO_2介孔层的形貌会影响钙钛矿光吸收层的结晶和孔隙填充,因此科研工作者对其形貌进行了大量的研究。

2. 钙钛矿太阳能电池的空穴传输层

人们通常在钙钛矿和电极之间加入空穴传输材料,如有机小分子、聚合物及无机晶体等。空穴传输材料可以将空穴有效地传输到电极中并阻挡电子的传输,还可以避免由钙钛矿光吸收层和电极直接接触引起的猝灭。在选择空穴传输材料时需要注意的是,空穴传输材料应具有空穴迁移率高、疏水性好及与钙钛矿能级的匹配度较高的特性,同时根据实际情况,必须通过溶液法对其进行制备。由于传统的空穴传输材料价格高昂,因此科研工作者努力寻找一种更低廉且能提高自身稳定性的材料来替代目前使用的空穴传输材料。

3. 钙钛矿太阳能电池的光吸收层

钙钛矿光吸收层是钙钛矿太阳能电池的重要组成部分。作为活性吸光层,钙钛矿薄膜的形貌和质量会直接影响钙钛矿的光电特性(如载流子的分离和传输、光吸收性能及激子扩散距离等),所以对薄膜进行优化是提高电池光电转换效率的关键。据报道,溶剂添加剂的使用、前驱体组成、表面的种类及沉积方式等因素均可影响钙钛矿的结晶行为。因此,科研工作者探索出了多种制备高效高质的钙钛矿薄膜的方法。

钙钛矿薄膜的制备方法主要有3种:一步旋涂法、连续沉积法和气相沉积法。制备流程如图1.7所示[28]。一步旋涂法是将两种前驱液在适合的溶剂中以一定的比例进行混合,采用旋涂的方法沉积在介孔层上[52-54],通过一定的温度对薄膜进行热退火,使溶剂彻底挥发,促进晶体的成核生长。一步旋涂法因具有较快的反应速度和简易的制备工艺等优势被广泛应用在钙钛矿薄膜的制备中。但是这种过快的反应速度和溶剂蒸发速率,会导致制备出的钙钛矿薄膜粗糙不均、孔洞较多,而且覆盖率差,直接影响了钙钛矿太阳能电池的光电转换效率。此外,一步旋涂法对成膜环境的要求很高,空气湿度、溶液浓度、退火温度等都会影响钙钛矿的成膜。连续沉积法又称为两步法或分步浸涂法,是指钙钛矿薄膜通过两种前驱液的依次沉积而得,是一种重复性好、可控性高的方法。以 $CH_3NH_3PbI_3$(MAPbI$_3$)薄膜的制备为例,先将 PbI_2 溶液旋涂在基底上,烘干后浸泡在 CH_3NH_3I(MAI)溶液中,最后再对其进行热退火处理[55-56]。后来在分步浸涂法的基础上衍生出了一种能够促进反应更彻底的方法,即互扩散法[57-60]。互扩散法也是先将 PbI_2 溶液旋涂在基底上,区别是不用烘干就直接在其上面旋涂 MAI 溶液,最后对薄膜进行统一的热退火处理。互扩散法可以有效利用 PbI_2 和 MAI 在退火过程中的相互反应和扩散,是一种精确定量的方法。气相沉积法是由 H. J. Snaith 小组提出的,他们将 $PbCl_2$ 和 MAI 作为蒸发源,让它们在真空下进行混蒸,最后获得平整均匀的薄膜[61]。这种方法较难掌控,需要精确地控制薄膜成分,同时反应过程是在真空中进行的,不适合大面积和低成本的制备。

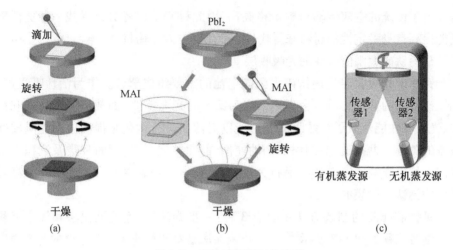

图 1.7 钙钛矿薄膜制备流程

1.3 钙钛矿太阳能电池的界面修饰

在钙钛矿太阳能电池中,主要存在电子传输层/钙钛矿光吸收层、钙钛矿光吸收层/空穴传输层及钙钛矿光吸收层本身等多个界面。钙钛矿太阳能电池的性能会受到界面缺陷或能级不匹配等问题的影响,直接导致载流子的复合。针对在界面上存在的问题,通过引入新的结构层对其表面进行改性,可以有效地提高太阳能电池的光电转换性能。为了改善 TiO_2 电子传输层与钙钛矿之间的界面,羧酸被用来处理 TiO_2 表面,以促进电子的传输[62-63]。还可以将金属氧化物(TiO_2[64]、Al_2O_3[65]、MgO[66]等)及富勒烯衍生物等材料制备在电子传输层表面,以有效地钝化其表面深能级缺陷,提高电子收集效率,抑制电子和空穴的复合[67]。钙钛矿光吸收层与空穴传输层之间的界面对钙钛矿太阳能电池同样有重要的影响,该界面的主要作用是对空穴进行提取和分离。人们利用五氟碘苯修饰钙钛矿薄膜,促使显正电性的碘离子(来源于五氟碘苯)与显负电性的卤素离子(存在于钙钛矿表面上)结合,有效地消除了负电荷的积累。科研工作者还将超薄的金属氧化物修饰在钙钛矿表面上,目的是通过减少水氧的渗透,提高电池的化学稳定性。空穴传输层的添加剂、溶剂和外界的水氧渗透等都会对钙钛矿产生影响[68]。因此,改善空穴传输层与钙钛矿层之间的界面可以直接改善电池性能和器件稳定性。钙钛矿光吸收层本身的缺陷主要存在于钙钛矿晶粒处的界面(简称"晶界"),较多的晶界很容易引起载流子的复合。因此,人们使用混合溶剂制备钙钛矿,改善薄膜质量,有效地减少了界面处电子和空穴的复合。此外,溶剂工程可以增大钙钛矿的晶粒尺寸,光生载流子只需通过相对较少的晶粒边界就可以到达对电极,同样达到降低复合率并提高钙钛矿器件性能的目的。

1.4 参考文献

[1] 戴宝通,郑晃忠. 太阳能电池技术手册[M]. 北京:人民邮电出版社,2012.

[2] BECQUREL E. Mémoire sur les effets électriques produits sous l'influence des rayons solaires[J]. Comptes Rendus,1839,9:561-567.

[3] FRITTS C E. On a new form of selenium cell,and some electrical discoveries made by its use[J]. American Journal of Science,1883,26(156):465-472.

[4] CHAPIN D M,FULLER C S,PEARSON G L. A new silicon p-n junction photocell for converting solar radiation into electrical power[J]. Applied Physics,1954,25(5):676-677.

[5] O'REGAN B,GRÄTZEL M. A low-cost,high-efficiency solar cell based on dye-sensitized colloidal TiO_2 films[J]. Nature,1991,353:737-740.

[6] KOJIMA A,TESHIMA K,SHIRAI Y,et al. Organometal halide perovskites as visible-light sensitizers for photovoltaic cells[J]. Journal of the American Chemical Society,2009,131(17):6050-6051.

[7] KIM M,JEONG J,LU H Z,et al. Conformal quantum dot-SnO_2 layers as electron transporters for efficient perovskite solar cells[J]. Science,2022,375(6578):302-306.

[8] 安其琳,曹国琛,李国欣,等. 太阳电池原理与工艺[M]. 上海:上海科学技术出版社,1984.

[9] National Renewable Energy Laboratory(NREL). Research cell efficiency records [EB/OL]. (2022-04-14)[2022-04-14]. http://www.nrel.gov/ncpv/images/efficiencychart.jpg.

[10] CAMPBELL P,GREEN M A. High performance light trapping textures for

monocrystalline silicon solar cens[J]. Solar Energy Materials and Solar Cells, 2001,65(1-4):369-375.

[11] STUTENBAEUMER U, MESFIN B. Equivalent model of monocrystalline, polycrystalline and amorphous silicon solar cells[J]. Renewable Energy, 1999,18(4):501-512.

[12] XI Z Q, YANG D R, DAN W, et al. Investigation of texturization for monocrystalline silicon solar cells with different kinds of alkaline[J]. Renewable Energy,2004,29(13):2101-2107.

[13] ZHAO J H,WANG A H,GREEN M A,et al. 19.8% efficient "honeycomb" textured multicrystalline and 24.4% monocrystalline silicon solar cells[J]. Applied Physics Letters,1998,73(14):1991-1993.

[14] BOTHE K,SINTON R,SCHMIDT J. Fundamental boron-oxygen-related carrier lifetime limit in mono-and multicrystalline silicon[J]. Progress in Photovoltaics:Research and Applications,2005,13(4):287-296.

[15] CHUTINAN A,LI C W W,KHERANI N P,et al. Wave-optical studies of light trapping in submicrometre-textured ultra-thin crystalline silicon solar cells[J]. Journal of Physics D:Applied Physics,2011,44(26):262001.

[16] FUJIWARA K, PAN W, USAMI N, et al. Growth of structure-controlled polycrystalline silicon ingots for solar cells by casting[J]. Acta Materialia, 2006,54(12):3191-3197.

[17] RATH J K. Low temperature polycrystalline silicon:a review on deposition, physical properties and solar cell applications[J]. Solar Energy Materials and Solar Cells,2003,76(4):431-487.

[18] MATSUMOTO Y,HIRATA G,TAKAKURA H,et al. A new type of high efficiency with a low-cost solar cell having the structure of a μc-SiC/polycrystalline silicon heterojunction[J]. Journal of Applied Physics,1990,67(10):6538-6543.

[19] GREEN M A,EMERY K,HISHIKAWA Y,et al. Solar cell efficiency tables (version 39)[J]. Progress in Photovoltaics,2012,20(1):12-20.

[20] KRC J,SMOLE F,TOPIC M. Analysis of light scattering in amorphous Si:H solar cells by a one-dimensional semi-coherent optical model[J]. Progress in Photovoltaics:Research and Applications,2003,11(1):15-26.

[21] WILD J D,RATH J K,MEIJERINK A,et al. Enhanced near-infrared response

of a-Si:H solar cells with β - $NaYF_4:Yb^{3+}$ (18%) , Er^{3+} (2%) upconversion phosphors[J]. Solar Energy Materials and Solar Cells,2010,94(12):2395 - 2398.

[22] GUPTA A,COMPAAN A D. All-sputtered 14% CdS/CdTe thin-film solar cell with ZnO:Al transparent conducting oxide[J]. Applied Physics Letters,2004, 85(4):684 - 686.

[23] ARAMOTO T,KUMAZAWA S,HIGUCHI H,et al. 16.0% Efficient thin-film CdS/CdTe solar cells[J]. Japanese Journal of Applied Physics Part 1:Regular Papers Short Notes & Review Papers,1997,36(10):6304 - 6305.

[24] CZABAN J A,THOMPSON D A,LAPIERRE R R. GaAs core-shell nanowires for photovoltaic applications[J]. Nano Letters,2009,9(1):148 - 154.

[25] ALGORA C,ORTIZ E,REY-STOLLE I,et al. A GaAs solar cell with an efficiency of 26.2% at 1000 suns and 25.0% at 2000 suns[J]. IEEE Transactions on Electron Devices,2001,48(5):840 - 844.

[26] KESSLER F,HERRMANN D,POWALLA M. Approaches to flexible CIGS thin-film solar cells[J]. Thin Solid Films,2005,480(3):491 - 498.

[27] KAELIN M,RUDMANN D,KURDESAU F,et al. Low-cost CIGS solar cells by paste coating and selenization[J]. Thin Solid Films,2005,480(3):486 - 490.

[28] 肖立新,邹德春,等. 钙钛矿太阳能电池[M]. 北京:北京大学出版社,2016.

[29] WEBER D. $CH_3NH_3PbX_3$,ein Pb(Ⅱ)-system mit kubischer perowskitstruktur[J]. Z. Naturforsch,1978,33(12):1443 - 1445.

[30] KIM H S,LEE C R,IM J H,et al. Lead iodide perovskite sensitized all-solid-state submicron thin film mesoscopic solar cell with efficiency exceeding 9% [J]. Scientific Reports,2012,2(1):591.

[31] SONG T-B,CHEN Q,ZHOU H P,et al. Perovskite solar cells:film formation and properties[J]. Journal of Materials Chemistry A,2015,3(17):9032 - 9050.

[32] POPESCU V,BESTER G,HANNA M C,et al. Theoretical and experimental examination of the intermediate-band concept for strain-balanced(In,Ga)As/Ga(As,P)quantum dot solar cells[J]. Physical Review B:Condensed Matter and Materials Physics,2008,78(20):2599 - 2604.

[33] YANG W S,PARK B W,JUNG E H,et al. Iodide management in formamidinium-lead-halide-based perovskite layers for efficient solar cells[J]. Science,2017, 356(6345):1376 - 1379.

[34] 姚鑫,丁艳丽,张晓丹,等.钙钛矿太阳电池综述[J].物理学报,2015,64(3):145-152.

[35] LIU H F, HUANG Z R, WEI S Y, et al. Nano-structured electron transporting materials for perovskite solar cells[J]. Nanoscale, 2016, 8(12):6209-6221.

[36] SHAHIDUZZAMAN M, ASHIKAWA H, KUNIYOSHI M, et al. Compact TiO_2/anatase TiO_2 single-crystalline nanoparticle electron-transport bilayer for efficient planar perovskite solar cells[J]. ACS Sustainable Chemistry and Engineering, 2018, 6(9):12070-12078.

[37] DUAN J X, XIONG Q, FENG B J, et al. Low-temperature processed SnO_2 compact layer for efficient mesostructure perovskite solar cells[J]. Applied Surface Science, 2017, 391(Part B):677-683.

[38] TAVAKOLI M M, TAVAKOLI R, YADAV P, et al. A graphene/ZnO electron transfer layer together with perovskite passivation enables highly efficient and stable perovskite solar cells[J]. Journal of Materials Chemistry A, 2019, 7(2):679-686.

[39] BI D, BOSCHLOO G, SCHWARZMULLER S, et al. Efficient and stable $CH_3NH_3PbI_3$-Sensitized ZnO nanorod array solid-state solar cells[J]. Nanoscale, 2013, 5(23):11686-11691.

[40] SON D Y, IM J H, KIM H S, et al. 11% Efficient perovskite solar cell based on ZnO nanorods: an effective charge collection system[J]. The Journal of Physical Chemistry C, 2014, 118(30):16567-16573.

[41] MAHMOOD K, SWAIN B S, AMASSIAN A, et al. 16.1% Efficient hysteresis-free mesostructured perovskite solar cells based on synergistically improved ZnO nanorod arrays[J]. Advanced Energy Materials, 2015, 5(17):1-11.

[42] KIM H S, MORA-SERO I, GONZALEZ-PEDRO V, et al. Mechanism of carrier accumulation in perovskite thin-absorber solar cells[J]. Nature Communications, 2013, 4:2242.

[43] BI D Q, MOON S J, HÄGGMAN L, et al. Using a two-step deposition technique to prepare perovskite($CH_3NH_3PbI_3$) for thin film solar cells based on ZrO_2 and TiO_2 mesostructures[J]. RSC Advances, 2013, 3(41):18762-18766.

[44] CHUNG I, LEE B, HE J, et al. All-solid-state dye-sensitized solar cells with high efficiency[J]. Nature, 2012, 485(7399):486-489.

[45] KE W J, FANG G J, LIU Q, et al. Low-temperature solution-processed tin oxide as an alternative electron transporting layer for efficient perovskite solar cells[J]. Journal of the American Chemical Society, 2015, 137(21):6730-6733.

[46] JIANG Q, ZHANG L Q, WANG H L, et al. Enhanced electron extraction using SnO_2 for high-efficiency planar-structure $HC(NH_2)_2PbI_3$-based perovskite solar cells[J]. Nature Energy, 2016, 2(1):16177.

[47] SANEHIRA Y, NUMATA Y, IKEGAMI M, et al. Photovoltaic properties of two-dimensional $(CH_3(CH_2)_3NH_3)_2PbI_4$ perovskite crystals oriented with TiO_2 nanowire array[J]. Chemistry Letters, 2017, 46(8):1204-1206.

[48] CAI B, ZHONG D, YANG Z, et al. An acid-free medium growth of rutile TiO_2 nanorods arrays and their application in perovskite solar cells[J]. Journal of Materials Chemistry C, 2015, 3(4):729-733.

[49] JIANG Q L, SHENG X, LI Y, et al. Rutile TiO_2 nanowire-based perovskite solar cells[J]. Chemical Communications, 2014, 50(94):14720-14723.

[50] PENG G M, WU J M, WU S Q, et al. Perovskite solar cells based on bottom-fused TiO_2 nanocones[J]. Journal of Materials Chemistry A, 2016, 4(4):1520-1530.

[51] KIM H S, LEE J W, YANTARA N, et al. High efficiency solid-state sensitized solar cell-based on submicrometer rutile TiO_2 nanorod and $CH_3NH_3PbI_3$ perovskite sensitizer[J]. Nano Letters, 2013, 13(6):2412-2417.

[52] XIAO M, HUANG F Z, HUANG W C, et al. A fast deposition-crystallization procedure for highly efficient lead iodide perovskite thin-film solar cells[J]. Angewandte Chemie International Edition, 2014, 53(37):9898-9903.

[53] XU F, ZHANG T Y, LI G, et al. Synergetic effect of chloride doping and $CH_3NH_3PbCl_3$ on $CH_3NH_3PbI_3$-xCl_x perovskite-based solar cells [J]. ChemSusChem, 2017, 10(11):2365-2369.

[54] XUE Q F, HU Z C, SUN C, et al. Metallohalide perovskite-polymer composite film for hybrid planar heterojunction solar cells[J]. RSC Advances, 2015, 5(1):775-783.

[55] BURSCHKA J, PELLET N, MOON S J, et al. Sequential deposition as a route to high-performance perovskite-sensitized solar cells[J]. Nature, 2013, 499(7458):316-319.

[56] LI B, TIAN J J, GUO L X, et al. Dynamic growth of pinhole-free conformal $CH_3NH_3PbI_3$ film for perovskite solar cells[J]. ACS Applied Materials and Interfaces, 2016, 8(7): 4684-4690.

[57] XI J, WU Z X, JIAO B, et al. Multichannel interdiffusion driven $FASnI_3$ film formation using aqueous hybrid salt/polymer solutions toward flexible lead-free perovskite solar cells[J]. Advanced Materials, 2017, 29(23): 1606964.

[58] BI C, SHAO Y, YUAN Y, et al. Understanding the formation and evolution of interdiffusion grown organolead halide perovskite thin films by thermal annealing[J]. Journal of Materials Chemistry A, 2014, 2(43): 18508-18514.

[59] TRIPATHI N, YANAGIDA M, SHIRAI Y, et al. Hysteresis-free and highly stable perovskite solar cells produced via a chlorine-mediated interdiffusion Method[J]. Journal of Materials Chemistry A, 2015, 3(22): 12081-12088.

[60] QIU W, RAY A, JAYSANKAR M, et al. An interdiffusion method for highly performing cesium/formamidinium double cation perovskites[J]. Advanced Functional Materials, 2017, 27(28): 1700920.

[61] LIU M Z, JOHNSTON M B, SNAITH H J. Efficient planar heterojunction perovskite solar cells by vapour deposition[J]. Nature, 2013, 501(7467): 395-398.

[62] KIM H B, IM I, YOON Y, et al. Enhancement of photovoltaic properties of $CH_3NH_3PbBr_3$ heterojunction solar cells by modifying mesoporous TiO_2 surfaces with carboxyl groups[J]. Journal of Materials Chemistry A, 2015, 3(17): 9264-9270.

[63] OZAWA H, SUGIURA T, SHIMIZU R, et al. Novel ruthenium sensitizers having different numbers of carboxyl groups for dye-sensitized solar cells: effects of the adsorptio manner at the TiO_2 surface on the solar cell performance[J]. inorganic chemistry, 2014, 53(17): 9375-9384.

[64] JIN T Y, LI W, LI Y Q, et al. High-performance flexible perovskite solar cells enabled by low-temperature ALD-assisted surface passivation[J]. Advanced Optical Materials, 2018, 6(24): 1801153.

[65] LEE Y H, LUO J S, SON M K, et al. Enhanced charge collection with passivation layers in perovskite solar cells[J]. Advanced Materials, 2016, 28(20): 3966-3972.

[66] HAN G S, CHUNG H S, KIM B J, et al. Retarding charge recombination in perovskite solar cells using ultrathin MgO-coated TiO_2 nanoparticulate films [J]. Journal of Materials Chemistry A, 2015, 3(17): 9160-9164.

[67] WOJCIECHOWSKI K, STRANKS S D, ABATE A, et al. Heterojunction modificationfor highly efficient organic-inorganic perovskite solar cells [J]. ACS Nano, 2014, 8(12): 12701-12709.

[68] BAI S, WU Z W, WU X J, et al. High-performance planar heterojunction perovskite solar cells: Preserving long charge carrier diffusion lengths and interfacial engineering [J]. Nano Research, 2014, 7(12): 1749-1758.

第 2 章 实验材料和表征测试

2.1 实验材料

本书中所使用的主要实验化学试剂如表 2.1 所示。

表 2.1 主要实验化学试剂

试剂名称	化学式	技术规格	生产厂家
导电玻璃	FTO	约 15 Ω	武汉格奥化学技术有限公司
无水乙醇	C_2H_5OH	分析纯	北京化工厂有限责任公司
乙酰丙酮	$CH_3COCH_2COCH_3$	分析纯	北京化工厂有限责任公司
丙酮	C_3H_6O	分析纯	北京化工厂有限责任公司
四氯化钛	$TiCl_4$	分析纯	天津市科密欧化学试剂有限公司
钛酸四丁酯	$Ti(OC_4H_9)_4$	分析纯	国药集团化学试剂有限公司
甲胺[①]	CH_3NH_2	纯度 >40.00%	天津市科密欧化学试剂有限公司
N,N-二甲基甲酰胺	C_3H_7NO	ACS 光谱级	上海阿拉丁生化科技股份有限公司
异丙醇	C_3H_8O	分析纯	天津市富宇精细化工有限公司
碘化铅	PbI_2	合成	
盐酸	HCl	分析纯	北京化工厂有限责任公司
氢碘酸	HI	分析纯	天津市科密欧化学试剂有限公司
硝酸铅	$Pb(NO_3)_2$	优级纯	西亚化学科技(山东)有限公司
碘化钾	KI	纯度为 99.99%	上海阿拉丁生化科技股份有限公司
N-甲基-2-吡咯烷酮	C_5H_9NO	纯度为 99.00%	西亚化学科技(山东)有限公司

注:①表中甲胺为甲胺的乙醇溶液。

2.2 实验仪器设备

本书中所使用的主要实验仪器设备如表2.2所示。

表2.2 主要实验仪器设备

设备名称	型号规格	生产厂家
超声波清洗器	KQ-300	江苏昆山市超声仪器有限公司
精密电子天平	PL-203	Mettler-Toledo Group
磁力搅拌器	JJ-1	国华(常州)仪器制造有限公司
电热真空干燥箱	ZKF035	上海实验仪器厂有限公司
马弗炉	SK-4-12	上海意丰电炉有限公司
扫描电子显微镜	Magellan 400	FEI 有限公司
X射线衍射仪	JSM-6700F	日本理学电机株式会社
紫外-可见分光光度计	TU-1810PCS	北京普析通用仪器有限责任公司
台式高速离心机	TG16-WS	湖南湘仪实验室仪器开发有限公司
真空镀膜机	ZF-350	沈阳智诚真空技术有限公司
太阳光模拟器	CEL-S500	北京中教金源科技有限公司
数字源表	KEITHLEY 2400	美国吉时利仪器公司
QE/IPCE测试仪	QTest Station 1000A	美国颐光科技有限公司
透射电子显微镜	JEM-2100F	日本电子株式会社(JEOL)

2.3 样品的结构与性能表征

为了对样品的结构、形貌和性能进行深入探究,通过一些特定的测试手段对其进行表征,为实验的进展和结论提供可靠的依据。

2.3.1 扫描电子显微镜(SEM)

扫描电子显微镜(SEM)是一种用于高分辨率微区形貌分析的大型精密仪器,具有景深大、分辨率高、成像直观、立体感强、放大倍数范围宽及待测样品可在三维空间内进行旋转和倾斜等特点。其利用聚焦很窄的高能电子束扫描样品,通过光束与物质间的相互作用激发待测样品的各种物理信息并对这些信息收集、放大、再成像,以达到对物质微观形貌表征的目的。通过电压和电流的调节,可以获得不同放大倍数的清晰的 SEM 图。利用该仪器可以很好地观察钙钛矿薄膜和 TiO_2 纳米材料的正面和截面形貌。

2.3.2 X 射线衍射仪(XRD)

X 射线衍射仪(XRD)是通过对材料进行 X 射线衍射,利用衍射能谱来测定所制备样品的晶体结构和组成成分的一种分析仪器,可以对样品材料进行物相分析、定量分析和定性分析。X 射线的波长和晶体内部原子面之间的间距相近,晶体可以作为 X 射线的空间衍射光栅,即一束 X 射线照射到物体上时,受到物体中原子的散射,使每个原子都产生散射波,这些波互相干涉就产生了衍射波。衍射波叠加的结果是使射线的强度在某些方向上加强,在其他方向上减弱。本书通过该仪器分析衍射结果,获得钙钛矿薄膜和 TiO_2 纳米材料的组成成分和晶体结构。测试中管电压为 40 kV,管电流为 30 mA。

2.3.3 透射电子显微镜(TEM)

透射电子显微镜(TEM)是一种以电子束为光源、可以观察到亚显微结构的光学仪器,其成像原理类似于光学显微镜。TEM 的放大倍数是光学显微镜的数万倍,这是因为其使用了极短波长,从而获得较高的分辨率。利用不同模式的 TEM 可以观测样品内部的晶体结构及晶粒尺寸,利用搭载的能谱还可以进行元素能量分布面扫描分析测试。

2.3.4 紫外-可见吸收光谱(UV-vis)

紫外-可见吸收光谱(UV-vis)分析法准确度高、操作简便,是一种探究样品物质间相互作用和样品成分的方法。研究的样品主要是对近紫外光区(200~380 nm)或可见光区(380~780 nm)有吸收。

2.3.5 光电流密度-光电压的测定(J-V特性曲线)

通过光电测试而得的J-V特性曲线可以很好地表征钙钛矿太阳能电池的光电性能。从J-V特性曲线中可以得到太阳能电池的一些重要参数：开路电压(V_{oc})、填充因子(FF)、短路电流密度(J_{sc})、光电转换效率(η_{PCE})、最大输出功率电流密度(J_{max})、最大输出功率(P_{max})、最大输出功率电压(V_{max})及入射光功率(P_{in})，如图2.1所示。

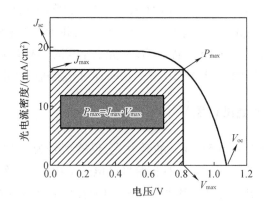

图2.2 典型太阳能电池的J-V特性曲线

（1）开路电压(V_{oc})

电池的外电路的电阻趋于无限大时电流为0 mA。此时的电压就是开路电压(V_{oc})。在J-V特性曲线上，对应着光电流密度为0 mA/cm^{2}的横坐标的值。材料的禁带宽度和界面接触情况可以影响V_{oc}的大小。

（2）短路电流密度(J_{sc})

短路电流(I_{sc})就是电池处于短路状态时的电流。在J-V特性曲线上，对应着电压为0.0 V的纵坐标的值，单位截面积上的I_{sc}为短路电路密度(J_{sc})。J_{sc}的大小与钙钛矿层对光的吸收程度及载流子的传输性质有关。

（3）最大输出功率(P_{max})、最大输出功率电流密度(J_{max})及最大输出功率电压(V_{max})

P_{max}是代表器件实际工作状态的最大输出功率，V_{max}和J_{max}分别代表电池达到最大输出功率时对应的最大工作电压和电流，三者之间的关系为

$$P_{max} = J_{max} \cdot V_{max} \tag{2.1}$$

(4) 填充因子(η_{FF})

填充因子是反映器件质量和对外输出功率的能力的重要参数,电池器件内部的串、并联电阻对其影响很大。填充因子的计算公式为

$$\eta_{FF} = P_{max}/(V_{oc} \cdot J_{sc}) = (V_{max} \cdot J_{max})/(V_{oc} \cdot J_{sc}) \quad (2.2)$$

(5) 光电转换效率

η_{PCE}是能够最全面、最直接地衡量电池优劣的参数,是评判钙钛矿太阳能电池的重要指标,其计算公式为

$$\eta_{PCE} = P_{max}/P_{in} = (J_{sc} \cdot V_{oc} \cdot FF)/P_{in} \quad (2.3)$$

利用美国吉时利仪器公司的 KEITHLEY 2400 数字电压表和北京中教金源科技有限公司的模拟日光氙灯光源系统 CEL-S500 提供的由 1 个标准太阳光组成的系统对钙钛矿太阳能电池进行光电流密度-光电压测试(AM 1.5 G,100 mW/cm^2),并且还利用中西集团的 BG26M92C 激光功率计对光强进行校准。

2.3.6 稳态荧光测试(PL)

本书采用的激发源为 532 nm 的激发光,仪器型号为 FLSP-920(Edinburgh Instruments)。稳态荧光测试是一种探测样品电子结构、带隙及缺陷的方法,可以在不接触样品的情况下直接对其进行测试,具有操作简单、灵敏度高的优点。

2.3.7 外量子效率(η)

外量子效率可以精确测量器件的光敏感性,是描述太阳能电池光电转换能力的重要参数。人们通常把利用太阳能收集的电荷载流子数目与外部入射光子总数的比称为外量子效率。

2.3.8 原子力显微镜(AFM)

原子力显微镜(AFM)是一种研究样品材料表面结构的分析仪器,具有原子级的分辨率。AFM 是在 1958 年被 IBM 苏黎世研究中心研发出来的。利用 AFM 测试样品无须对样品进行处理,并且在液体环境下也可以正常工作。该仪器可提供三维表面图,具有较广泛的应用。本书利用该仪器观察了钙钛矿光吸收层的表面情况,仪器的型号为 ICON-PT(美国布鲁克海文仪器公司)。

2.3.9 X 射线光电子能谱法(XPS)

X 射线光电子能谱法(XPS)以 X 射线为激发光源,对样品的破坏性小。该

方法主要应用于对材料的元素成分进行定性、定量或半定量及价态分析。本书 XPS 测量采用的设备是 ESCALAB - 250 型光电子能谱仪(美国 Thermo-VG Scientific 公司)。测试中所用光源为 Al 靶 Kα 线(1 486.6 eV),空间分辨率为 200 μm,能量分辨率 <0.5 eV,功率为 150 W。本书通过对样品进行 XPS 测试,对钙钛矿的元素组成及键合状态进行分析。

第 3 章 溶胶凝胶浸涂法修饰电子传输层及其对钙钛矿太阳能电池性能的影响

3.1 引　　言

近年来,作为太阳能电池家族的新成员,具有优异的光学和电学性质的钙钛矿太阳能电池成为世界瞩目的焦点[1-9]。由于钙钛矿材料具有载流子扩散距离较长、复合率较低及光吸收较强等优势,因此其所构成的太阳能电池的光电转换效率迅猛增长,已经从最初的 3.8% 提升到了 25.7%[10-17]。基于 n 型金属氧化物(ZnO、ZrO_2、SnO_2、TiO_2 等)的电子传输层是钙钛矿太阳能电池的重要组成部分,它不仅可以作为电子的传输通道,还可以作为介孔支架以利于钙钛矿薄膜更好地生长[18-22]。其中,TiO_2 纳米材料因为具有带隙合适、制备工艺简易及电子传输较快等优势,吸引了越来越多的目光[23-25]。在众多 TiO_2 纳米材料中,一维 TiO_2 纳米棒(NRs)在制备过程中可以通过简单地改变实验条件实现形貌尺寸的可控性。取向性良好的一维 TiO_2 纳米棒还可以为电子提供最直接的传输通道,因此其在钙钛矿太阳能电池中应用较为广泛。

在钙钛矿太阳能电池的研究中,N. G. Park 课题组通过控制反应时间探究了 TiO_2 纳米棒的长度对电池性能的影响,获得了 9.4% 的光电转换效率[26]。刘春光组研究人员通过调节反应前驱液浓度系统地研究了 TiO_2 纳米棒的空隙对电池性能的影响[27]。然而,无论是基于文献报道还是相关研究结果均显示,基于 TiO_2 纳米棒电子传输层的钙钛矿光吸收材料的孔隙填充度较低、薄膜结晶性较差,TiO_2 纳米棒与钙钛矿吸收层之间的界面结合也不很理想[28]。为了解决这些问题,人们用四氯化钛水解、原子层沉积及液相沉积等方法对 TiO_2 纳米棒进行了表面修饰[29-31]。

本章于 TiO_2 纳米棒表面"生长"了一层 TiO_2 纳米颗粒,制备出一种 TiO_2 纳米颗粒/纳米棒混合薄膜结构。首先,用水热合成的方法制备出沿着[001]方向择优生长的 TiO_2 纳米棒阵列。其次,利用溶胶凝胶溶液在 TiO_2 纳米棒的表面浸涂一层纳米颗粒。与其他方法相比，溶胶具有均一性、浸润性、流动性的特点，通过浸涂的方法可以很好地涂覆在样品表面[32-33]。与单纯使用 TiO_2 纳米棒相比，以 TiO_2 纳米颗粒/纳米棒混合薄膜为基底，电子传输层与钙钛矿光吸收层在界面处结合得更好，TiO_2 纳米颗粒可以有效地钝化电子传输层表面，降低缺陷态密度。同时，以 TiO_2 纳米颗粒/纳米棒混合薄膜为介孔支架，更有利于钙钛矿成膜，薄膜的结晶性会变得更好。因此，本章分别研究了基于 TiO_2 纳米棒和 TiO_2 纳米颗粒/纳米棒混合薄膜的钙钛矿太阳能电池的性能，探究了不同浸涂次数对钙钛矿太阳能电池的影响，并利用 XRD、SEM、PL 等测试手段对样品进行了形貌、晶体结构、电子传输及光电特性的研究。

3.2 实验部分

3.2.1 FTO 的准备和清洗

首先，将 FTO 导电玻璃裁剪成 1.5 cm×3.0 cm 大小。其次，用盐酸(HCl)和锌粉(Zn)在 FTO 的边缘进行刻蚀，刻蚀宽度约为 0.5 cm。最后，对刻蚀好的 FTO 基底进行清洗，具体步骤如下：

(1) 将 FTO 基底放入含有去污粉和蒸馏水的烧杯中，超声清洗 15 min，取出后用蒸馏水将残留的去污粉冲洗干净。

(2) 将 FTO 基底放入丙酮中超声清洗 20 min，之后将基底依次置于异丙醇、无水乙醇溶液中，分别超声清洗 20 min。

(3) 将 FTO 基底放入蒸馏水中，超声清洗 15 min，取出后用氮气吹干备用。

3.2.2 TiO_2 致密层的制备

采用化学水浴沉积(CBD)的方法制备 TiO_2 致密层。具体制备方法如下：用胶带将 FTO 基底边缘约 0.5 cm 宽的部分包裹严实，防止其上"生长"TiO_2 纳米颗粒。将上述的 FTO 基底放入配制好的 100 mmol/L 的 $TiCl_4$ 水溶液中，在 70 ℃ 的水浴锅中反应 30 min。待反应样品冷却至室温后，用蒸馏水将 FTO 基底上残留的杂质冲洗干净，吹干后放入 450 ℃ 的马弗炉中退火处理 30 min。

3.2.3 TiO$_2$ 纳米棒阵列的制备

采用水热合成法制备 TiO$_2$ 纳米棒。具体步骤如下:将蒸馏水、盐酸、钛酸丁酯按照 30∶30∶1 的体积比依次加入烧杯中,搅拌 30 min 后获得澄清溶液。将制备好的 TiO$_2$/FTO 基片斜放入聚四氟乙烯水热釜的内衬中,将玻璃面朝上,缓慢倒入上述澄清溶液。密封好反应釜后,将其放入烘箱中加热至 170 ℃,水热反应时间为 2 h。待烘箱冷却至室温后将反应釜内基片取出,用蒸馏水和无水乙醇将残留的杂质冲洗干净。将生长了 TiO$_2$ 纳米棒阵列的基片用氮气吹干,并放入 550 ℃ 马弗炉中进行高温退火处理 2 h。

3.2.4 溶胶凝胶浸涂法修饰 TiO$_2$ 纳米棒电子传输层

本章采用溶胶凝胶浸涂法对 TiO$_2$ 纳米棒电子传输层进行修饰,实验装置如图 3.1 所示。

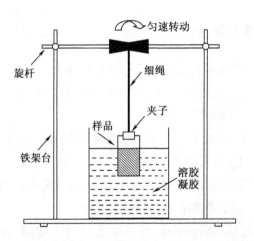

图 3.1 溶胶凝胶浸涂法修饰 TiO$_2$ 纳米棒表面实验装置图

该方法先配制溶胶凝胶溶液,再用浸渍提拉的方法将 TiO$_2$ 纳米颗粒薄膜涂覆在纳米棒阵列膜的表面,最后对混合薄膜进行退火处理,增加颗粒与颗粒之间、颗粒与纳米棒之间的连通性[34]。通过这种方法制备的电子传输层可称为 TiO$_2$ 纳米颗粒/纳米棒混合薄膜。具体制备方法如下:将 3.8 mL 的乙酰丙酮钛、2 mL 去离子水及 40 mL 的无水乙醇依次倒入烧杯 A 中,混合搅拌 30 min。另取一个烧杯 B,依次倒入 20 mL 无水乙醇和 40 mL 钛酸丁酯,混合搅拌 30 min。将烧杯 B 中的溶液用搅拌棒缓慢地引流到烧杯 A 中,搅拌 2 h。将搅拌后均一、透明的溶液密封好并放置在阴凉的暗处,静置 24 h,即为溶胶凝胶溶液。将配制好的溶胶凝胶溶液取出,放置在水平的桌面上。将前期制备好的纳米棒基片缓慢地浸入到溶胶凝胶溶液里,3 min 后以 0.5 cm/min 的速度均匀地向上提拉。接着将样品放在 300 ℃ 的马弗炉中退火处理 10 min。为了观察不同厚度的纳米颗粒膜对太阳能电池性能的影响,重复上述步骤,进行不同次数的浸渍提拉,分别记为 1 次、2 次、3 次、4 次,最后将制得的样品在 450 ℃ 的马弗炉中退火处理 2 h。

3.2.5 基于 TiO_2 纳米颗粒/纳米棒混合薄膜的钙钛矿太阳能电池的制备

钙钛矿光吸收层采用依次旋涂 PbI_2 和 MAI 溶液的两步法制备。先配制前驱液,具体如下:将 554 mg PbI_2 粉末与 1 mL N,N-二甲基甲酰胺(DMF)溶液混合,在 70 ℃ 下充分搅拌 12 h 直至溶液澄清;将 25 mg MAI 粉末与 10 mL 异丙醇(IPA)溶液充分混合,搅拌 2 h 至溶液澄清。前驱液配制结束后,将已经制备好的基片(TiO_2 纳米颗粒/纳米棒/FTO)放置于水平的高速旋涂仪上,用移液枪量取 50 μL 的 PbI_2 溶液,在 3 000 r/min 的转速下对基片旋涂 30 s。将旋涂了 PbI_2 的基片放在 80 ℃ 的加热板上退火处理 10 min。冷却后滴加 120 μL MAI 溶液,在 3 000 r/min 的转速下旋涂 30 s。将样品放在 100 ℃ 的加热板上退火 30 min,再滴加 100 μL 的 IPA 溶液,于 100 ℃ 下干燥 5 min。最后两个步骤是旋涂空穴传输层和蒸镀电极。旋涂空穴传输层的溶液的配制方法如下:在 1 mL 氯苯溶液中添加 72.3 mg spiro-MeOTAD,使其充分溶解,再依次加入 17.5 μL 锂盐[将双三氟甲基磺酰亚胺锂(Li-TFSI)溶解于乙腈溶液,质量浓度为 520 mg/mL]、28.8 μL 4-叔丁基吡啶。将溶液充分混合至澄清后,放入 60 ℃ 的恒温干燥箱中加热 12 h。取 50 μL 配制的 spiro-MeOTAD 溶液旋涂在钙钛矿薄膜上,在 2 000 r/min 的转速下旋涂 60 s。银电极通过真空蒸镀仪在样品表面进行蒸镀。完成基于 TiO_2 纳米颗粒/纳米棒混合薄膜的钙钛矿太阳能电池的组装,组装流程如图 3.2 所示。

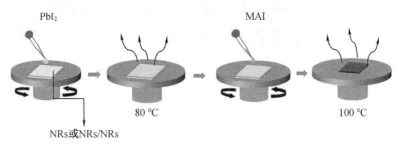

图 3.2　组装流程

3.3 TiO$_2$ 致密层的表征

TiO$_2$ 致密层也可称为空穴阻挡层,可以有效地阻止空穴和电子的复合。同时,均匀生长在 FTO 表面的 TiO$_2$ 纳米颗粒还可作为 TiO$_2$ 纳米棒阵列生长的晶种层。图 3.3 是 TiO$_2$ 致密层的正面和截面 SEM 图,从图中可以观察到纳米颗粒薄膜的厚度约为 15 nm,均匀地覆盖在 FTO 表面。经过探究发现,该厚度的颗粒薄膜既可以达到阻挡空穴、防止短路的目的,还不会因过厚而导致电池性能下降,是制备 TiO$_2$ 致密层的最佳厚度。

图 3.3　TiO$_2$ 致密层的正面和截面 SEM 图

3.4 溶胶凝胶浸涂法制备 TiO$_2$ 纳米颗粒/纳米棒混合薄膜的表征

3.4.1　SEM 图片分析

TiO$_2$ 纳米棒阵列作为电子传输的通道,因长度易控、具有开口结构及电子迁移率较高而被广泛应用在钙钛矿太阳能电池中。据文献报道,长度为500~600 nm 的纳米棒更有利于电子传输,以获得较高的光电转换效率。图3.4(a)为通过水热合成法制备的纳米棒分布均匀,尺寸均一,长度约为550 nm,直径约为60 nm。图3.4(b)为通过溶胶凝胶浸涂法制备的 TiO_2 纳米颗粒/纳米棒混合薄膜,从图中可以看到,TiO_2 纳米颗粒均匀地覆盖在纳米棒表面并与其紧密结合,致密的纳米颗粒有效地增加了纳米棒的比表面积,厚度约为5 nm。

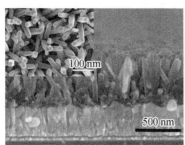 

(a)TiO_2 纳米棒　　　　(b)TiO_2 纳米颗粒/纳米棒混合薄膜

图3.4　TiO_2 纳米棒、TiO_2 纳米颗粒/纳米棒混合薄膜的截面和正面 SEM 图

3.4.2　XRD 图谱分析

据文献报道,TiO_2 与 FTO 的某些衍射峰位置很近,经过 XRD 测试后,用常规的方法不利于分辨,因此采用了 Reitvelt 全谱拟合对 XRD 数据进行精修[35-37]。图3.5(a)是 TiO_2 纳米棒的 Reitvelt 精修图谱,红色是 XRD 曲线,蓝色是精修的谱线,短线是布拉格衍射位置。通过分析粉末衍射标准联合委员会(JCPDS:21-1276)卡片和开放晶体结构数据库(COD:NO.9001681)的峰位,确定了 TiO_2 纳米棒为金红石(rutile)相结构。图3.5(b)和(c)则是将 TiO_2 纳米颗粒/纳米棒混合薄膜分别与 COD 中 TiO_2 锐钛矿(anatase,NO.1530151)和 TiO_2 金红石(NO.9001681)的峰位进行对比。分析结果证实了混合薄膜中除了金红石相 TiO_2 的衍射峰外,在 2θ 角为 25.3°、37.8°及 48.1°的位置出现了新的衍射峰,对应锐钛矿相 TiO_2 纳米颗粒的衍射峰。

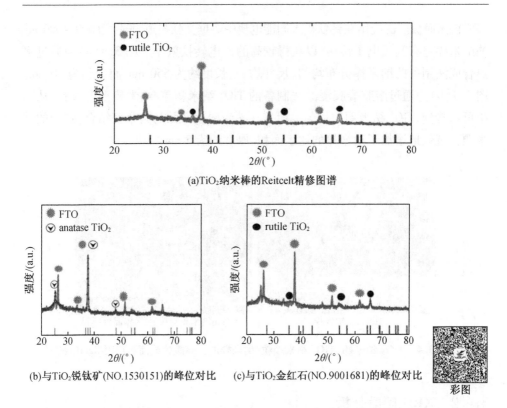

图 3.5 TiO_2 纳米棒、TiO_2 纳米颗粒/纳米棒混合薄膜的 Reitvelt 精修 XRD 图谱

(图中 a.u. 表示可为任意单位。)

3.4.3 透射电子显微镜(TEM)和高分辨率透射电子显微镜(HR-TEM)图片分析

为了更好地确认晶体结构,用刀片分别剥离了少量的 TiO_2 纳米棒和 TiO_2 纳米颗粒/纳米棒混合薄膜粉末进行透射电镜测试。图 3.6 为相应的 TEM 和 HR-TEM 图。由图 3.6 可以观察到,TiO_2 纳米棒的晶面间距为 0.322 nm,对应金红石相 TiO_2 纳米棒的(110)晶面。其中,图 3.6(a)中右上方的小插图为 TiO_2 纳米棒的选区电子衍射(SAED)图,可以看出所制备的 TiO_2 纳米棒具有较好的结晶性,有利于电子传输[38-39]。通过观察 TiO_2 纳米颗粒/纳米棒的 TEM 和 HR-TEM 图[图 3.6(c)和(d)],可以看到介孔的纳米颗粒紧密地覆盖在 TiO_2 纳米棒表面上,颗粒之间具有较好的连通性。TiO_2 纳米棒周围的纳米颗粒的晶格间距为 0.189 nm 和 0.352 nm,分别对应锐钛矿相 TiO_2 纳米棒的(200)晶面和(101)

晶面。

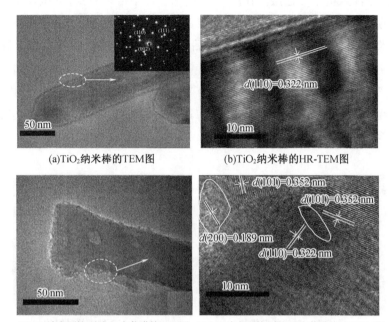

图3.6 TiO$_2$ 纳米棒、TiO$_2$ 纳米颗粒/纳米棒混合薄膜的 TEM 图和 HR-TEM 图

3.5 基于 TiO$_2$ 纳米颗粒/纳米棒混合薄膜的钙钛矿太阳能电池的性能研究

3.5.1 SEM 图片分析

图3.7 为基于 TiO$_2$ 纳米棒和 TiO$_2$ 纳米颗粒/纳米棒混合薄膜的钙钛矿的截面和正面 SEM 图。从图3.7 中可以清晰地观察到，基于 TiO$_2$ 纳米棒电子传输层的钙钛矿没有很好地渗入到 TiO$_2$ 纳米棒阵列的孔隙中，与 TiO$_2$ 纳米棒之间的界面结合较差。相反，当 TiO$_2$ 纳米棒表面被介孔纳米颗粒覆盖后，钙钛矿材料在纳米棒阵列的孔隙内填充得更好，并且与其在界面处结合得更紧密。对于介孔结构钙钛矿太阳能电池，钙钛矿吸光层在 TiO$_2$ 纳米棒中有较好的填充可以促使更

多的载流子注入电子传输层。在图 3.7(b)和(d)中可以看到,沉积在 TiO$_2$ 纳米棒上的钙钛矿薄膜上有许多孔洞,其至暴露了下层的纳米棒;当将钙钛矿旋涂在 TiO$_2$ 纳米颗粒/纳米棒混合薄膜基底上后,可以观察到钙钛矿薄膜非常致密,孔洞相对较少。图 3.7 的 SEM 图很好地表明了 TiO$_2$ 纳米颗粒可以钝化纳米棒表面,使之变得更加粗糙,为钙钛矿薄膜的"生长"提供有利条件。此外,由图 3.7 可以看出,不仅前驱物材料能影响钙钛矿薄膜的生长和成膜,基底支架层也能对其产生影响。

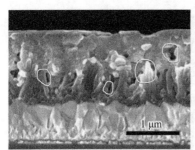

(a)基于TiO$_2$纳米棒薄膜的钙钛矿的截面SEM图　　(b)基于TiO$_2$纳米棒薄膜的钙钛矿的正面SEM图

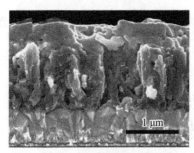

(c)基于TiO$_2$纳米颗粒/纳米棒混合薄膜的钙钛矿的截面SEM图　　(d)基于TiO$_2$纳米颗粒/纳米棒混合薄膜的钙钛矿的正面SEM图

图 3.7　基于 TiO$_2$ 纳米棒和 TiO$_2$ 纳米颗粒/纳米棒混合薄膜的钙钛矿的截面和正面 SEM 图

3.5.2　XRD 图谱分析

图 3.8 是基于 TiO$_2$ 纳米棒、TiO$_2$ 纳米颗粒/纳米棒混合薄膜的钙钛矿的 Reitvelt 精修 XRD 图谱。经过分析,在图 3.8(a)的两条曲线上确认了 9 个钙钛矿衍射峰[40-44]。图 3.8(b)是 32°~40°范围内衍射峰的放大图。通过 Reitvelt 精修处理,在位于 37.8°的锐钛矿相 TiO$_2$ 衍射峰旁又观察到了一个属于钙钛矿

的衍射峰。蓝色曲线代表精修前后的误差,可以看到曲线上有两个位置的误差值较大,与标准卡片对比后发现,这两个峰分属于 PbI_2 和锐钛矿相 TiO_2 的衍射峰。对比观察基于 TiO_2 纳米棒和 TiO_2 纳米颗粒/纳米棒混合薄膜的样品的 PbI_2 衍射峰,发现基于 TiO_2 纳米棒的样品的 PbI_2 衍射峰更强。相反,以 TiO_2 纳米颗粒/纳米棒混合薄膜为基底的结构,钙钛矿晶体的衍射峰更强。这表明基于 TiO_2 纳米颗粒/纳米棒混合薄膜的 PbI_2 与 MAI 的反应更充分,同时也说明该钙钛矿薄膜具有更好的结晶性。

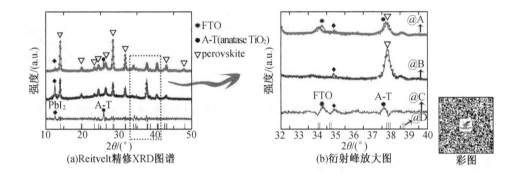

@A 为 TiO_2 纳米棒/纳米颗粒混合阵列/钙钛矿薄膜;@B 为 TiO_2 纳米棒/钙钛矿混合薄膜;@C 为实验之间的差异和拟合曲线;@D 为底线,是布拉格位置。

图 3.8 基于 TiO_2 纳米棒和 TiO_2 纳米颗粒/纳米棒混合薄膜的钙钛矿的 Reitvelt 精修 XRD 图谱

3.5.3 稳态荧光光谱(PL)分析

图 3.9 是基于玻璃、TiO_2 纳米棒和 TiO_2 纳米颗粒/纳米棒混合薄膜的钙钛矿的稳态荧光光谱(PL)。从图 3.9 中可以看到,当将钙钛矿旋涂在玻璃基底上时,呈现出较高的发光强度,证明制备的钙钛矿薄膜具有较高的光生载流子浓度[45]。当将钙钛矿分别旋涂在 TiO_2 纳米棒、TiO_2 纳米颗粒/纳米棒混合薄膜上时,发光强度极大地降低,并且后者的下降幅度更大。这一结果表明,钙钛矿层与电子传输层接触后,电子和空穴在界面处可以被有效地分离并通过电子传输层被很好地收集[46-47]。通过比较发现,基于 TiO_2 纳米颗粒/纳米棒混合薄膜的钙钛矿产生了更有效的荧光萃取。其原因可能是钙钛矿薄膜在 TiO_2 纳米颗粒/纳米棒阵列中有较好的填充,使其可以通过紧密地结合把这些电子有效地传输到电子传输层上,与 SEM 图能够很好地对应。同时,其原因还可能是致密的 TiO_2 纳米颗

粒降低了纳米棒表面的缺陷态密度,有效地减少了复合中心,从而延长了电子的寿命,促使电极能通过电子传输层收集到更多的有效电子[48-50]。

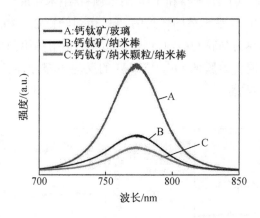

彩图

图 3.9　基于玻璃、TiO_2 纳米棒及 TiO_2 纳米颗粒/纳米棒混合薄膜的钙钛矿的稳态荧光光谱

3.5.4　J-V 特性曲线分析

图 3.10 是基于 TiO_2 纳米棒、TiO_2 纳米颗粒/纳米棒混合薄膜的钙钛矿太阳能电池的 J-V 特性曲线,将光电性能参数总结在图中。如图 3.10 所示,基于 TiO_2 纳米棒的钙钛矿太阳能电池的光电转换效率只有 7.27%,相应的参数:短路电流密度(J_{sc})为 16.02 mA/cm^2,开路电压(V_{oc})为 0.94 V,填充因子(η_{FF})为 0.48。基于 TiO_2 纳米颗粒/纳米棒混合薄膜的钙钛矿太阳能电池的光电性能明显高于以纯 TiO_2 纳米棒为基底的电池,光电转换效率是后者的 1.4 倍多,可达到 10.55%。同时,观察到基于 TiO_2 纳米颗粒/纳米棒混合薄膜的钙钛矿太阳能电池的其他性能参数也均高于以纯 TiO_2 纳米棒为基底的电池。分析数据可知,η_{FF} 和 V_{oc} 的提高可归因于以 TiO_2 纳米颗粒/纳米棒为支架结构有利于钙钛矿薄膜的生长,形成的薄膜具有更好的结晶性。J_{sc} 的提高是因为纳米颗粒钝化了纳米棒表面的缺陷,抑制了载流子在复合中心的湮灭,有效地延长了电子的寿命[48,51-52]。同时,由于钙钛矿在 TiO_2 纳米颗粒/纳米棒中有较高的孔隙填充率和较好的界面结合性,钙钛矿光吸收层可以向电子传输层注入更多的电子。另外,这种致密的 TiO_2 纳米颗粒可作为空穴阻挡层,阻止电子和空穴在界面处复合。这些光电测试结论与前文所述的 SEM 和 PL 测试结果一致。

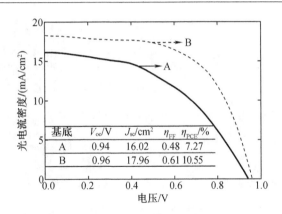

图 3.10 基于 TiO_2 纳米棒(A)、TiO_2 纳米颗粒/纳米棒混合薄膜(B)的钙钛矿太阳能电池的 $J-V$ 特性曲线

3.6 不同 TiO_2 纳米颗粒浸涂次数对钙钛矿太阳能电池性能的影响

3.6.1 SEM 图片分析

本节研究了不同 TiO_2 纳米颗粒浸涂次数引起的 TiO_2 纳米颗粒厚度的变化及对钙钛矿太阳能电池的影响。图 3.11 中,A、B、C、D 行分别代表不同浸涂次数(记为 1 次、2 次、3 次、4 次);(a)(d)(g)(j)是不同浸涂次数的 TiO_2 纳米颗粒/纳米棒混合薄膜的截面 SEM 图;(b)(e)(h)(k)是不同浸涂次数的以 TiO_2 纳米颗粒/纳米棒混合薄膜为基底的钙钛矿的截面 SEM 图;(c)(f)(i)(l)是以 TiO_2 纳米颗粒/纳米棒混合薄膜为基底的钙钛矿的正面 SEM 图。从图 3.11 中可以清晰地看到,随着浸涂次数的增加,包裹在 TiO_2 纳米棒表面的纳米颗粒变得越来越厚。当浸涂次数达到 3 次时,TiO_2 纳米颗粒已经将纳米棒阵列完全覆盖。当浸涂次数达到 4 次时,纳米棒顶端的厚度已经约为 200 nm。观察基于不同 TiO_2 纳米颗粒浸涂次数的钙钛矿,发现随着浸涂次数的增加,钙钛矿光吸收层的孔隙填充得越来越好,薄膜的质量随之提高。但是,当将钙钛矿旋涂在浸涂了 3 次或 4 次 TiO_2 纳米颗粒的纳米棒上时,发现钙钛矿很难渗入到 TiO_2 纳米棒阵列中。

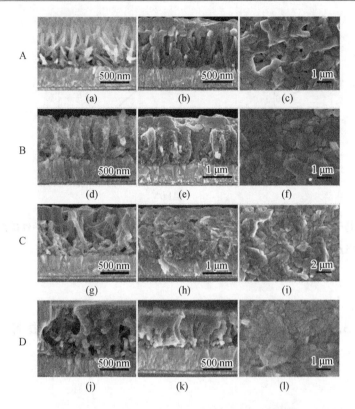

图 3.11 基于不同 TiO_2 纳米颗粒浸涂次数的钙钛矿的截面和正面 SEM 图

3.6.2 $J-V$ 特性曲线分析

图 3.12 是基于不同 TiO_2 纳米颗粒浸涂次数的钙钛矿太阳能电池的 $J-V$ 特性曲线,表 3.1 为相应的光电参数。由图 3.12 和表 3.1 可知,随着浸涂次数的增加,钙钛矿太阳能电池性能逐渐变好。当浸涂次数为 2 次时,钙钛矿太阳能电池呈现出最优的光电性能。这一结果与图 3.11 很好地对应。随着浸涂次数的增加,TiO_2 纳米颗粒的厚度逐渐增加。过厚的 TiO_2 纳米颗粒直接影响了钙钛矿的孔隙填充,同时也增加了电子的传输距离,致使载流子在传输的过程中发生复合。上述结果表明,最佳浸涂次数为 2 次。

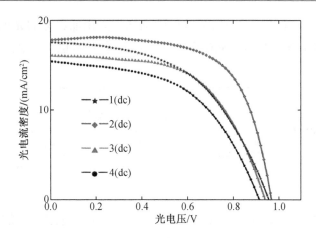

图 3.12 基于不同 TiO_2 纳米颗粒浸涂次数的钙钛矿太阳能电池的 $J-V$ 特性曲线

表 3.1 基于不同 TiO_2 纳米颗粒浸涂次数的钙钛矿太阳能电池的光电参数

基底	$J_{sc}/(mA/cm^2)$	V_{oc}/V	η_{FF}	$\eta_{PCE(最佳)}/\%$
1(dc)	16.65	0.95	0.60	9.53
2(dc)	17.96	0.96	0.61	10.55
3(dc)	16.07	0.94	0.57	8.72
4(dc)	14.72	0.94	0.53	7.35

3.6.3 钙钛矿太阳能电池重复性研究

图 3.13 是分别组装了 15 片上述 4 种电池的光电数据统计图,相应的参数归纳在表 3.2 中。由图 3.13 可知,钙钛矿太阳能电池的各个光电参数(J_{sc}、V_{oc}、η_{FF}、η_{PCE})的标准差均在很小的范围内,表明实验结果具有很好的重复性[53]。

本章通过溶胶凝胶浸涂法在 TiO_2 纳米棒表面"生长"了一层纳米颗粒,并在这种 TiO_2 纳米颗粒/纳米棒混合薄膜的基础上组装了钙钛矿太阳能电池样品。同时还研究了不同 TiO_2 纳米颗粒浸涂次数对钙钛矿太阳能电池性能的影响。整个制备过程均在湿度约为 40% 的空气中进行。

通过与基于纯 TiO_2 纳米棒的钙钛矿太阳能电池进行对比,得出以下结论:

(1) 利用溶胶凝胶浸涂法制备的 TiO_2 纳米颗粒,纳米颗粒之间的连通性较好,有利于电子传输。这些纳米颗粒均匀、致密地覆盖在纳米棒表面。

(2) 分别基于纯 TiO_2 纳米棒和 TiO_2 纳米颗粒/纳米棒混合薄膜组装电池,以

TiO₂ 纳米颗粒/纳米棒混合薄膜为基底的钙钛矿太阳能电池的光电转换效率明显高于以纯 TiO₂ 纳米棒为基底的电池，电池的其他参数也有明显提高。

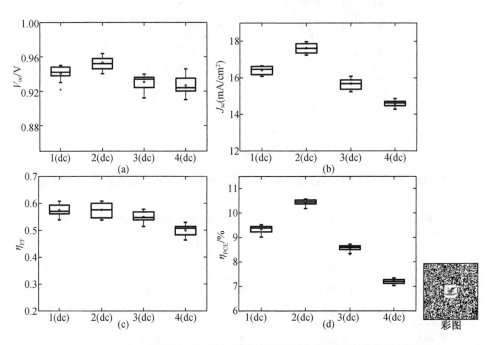

图 3.13 不同 TiO₂ 纳米颗粒浸涂次数的钙钛矿太阳能电池的光电数据统计图

表 3.2 不同 TiO₂ 纳米颗粒浸涂次数的钙钛矿太阳能电池的光电参数

基底	J_{sc}/(mA/cm²)	V_{oc}/V	η_{FF}	η_{PCE}/%
1(dc)	16.44 ± 0.40	0.94 ± 0.01	0.57 ± 0.04	9.32 ± 0.20
2(dc)	17.82 ± 0.50	0.95 ± 0.01	0.58 ± 0.03	10.41 ± 0.20
3(dc)	16.15 ± 0.30	0.93 ± 0.02	0.54 ± 0.03	8.62 ± 0.30
4(dc)	14.08 ± 0.50	0.92 ± 0.02	0.49 ± 0.03	7.23 ± 0.20

(3) 让 TiO₂ 纳米颗粒"生长"在纳米棒表面，为钙钛矿更好地涂覆提供更适合的介孔支架。与纯 TiO₂ 纳米棒相比，涂覆在 TiO₂ 纳米颗粒/纳米棒混合薄膜上的钙钛矿薄膜致密少孔，结晶性更高。基于 TiO₂ 纳米颗粒/纳米棒混合薄膜的钙钛矿太阳能电池样品的钙钛矿层与 TiO₂ 层结合得更好，具有较高的孔隙填充率。高质量的薄膜和较好的孔隙填充会使钙钛矿太阳能电池的 V_{oc} 和 η_{FF} 的增大。

(4) 以 TiO$_2$ 纳米颗粒/纳米棒混合薄膜为基底的钙钛矿太阳能电池的 J_{sc} 明显高于以纯 TiO$_2$ 纳米棒为基底的电池。这是由于 TiO$_2$ 纳米颗粒可以起到钝化的作用,能够降低纳米棒表面的缺陷态密度,减少复合中心,并最终增强对电子的收集。

(5) 不同 TiO$_2$ 纳米颗粒浸涂次数对钙钛矿太阳能电池性能有明显的影响,最佳的浸涂次数为 2 次。该条件下组装的钙钛矿太阳能电池获得了 10.55% 的光电转换效率,比以纯 TiO$_2$ 纳米棒为基底的钙钛矿太阳能电池增长了 45% 左右。

3.7 参考文献

[1] CHUNG I, LEE B, HE J Q, et al. All-solid-state dye-sensitized solar cells with high efficiency[J]. Nature, 2012, 485(7399): 486-489.

[2] DENG Y H, PENG E, HUANG J S, et al. Scalable fabrication of efficient organolead trihalide perovskite solar cells with doctor-bladed active layers[J]. Energy & Environmental Science, 2015, 8(5): 1544-1550.

[3] DESCHLER F, PRICE M, PATHAK S, et al. High photoluminescence efficiency and optically pumped lasing in solution-processed mixed halide perovskite semiconductors[J]. The Journal of Physical Chemistry Letters, 2014, 5(8): 1421-1426.

[4] HAO F, STOUMPOS C C, CAO D H, et al. Lead-free solid-state organic-inorganic halide perovskite solar cells[J]. Nature Photonics, 2014, 8(6): 489-494.

[5] KAZIM S, NAZEERUDDIN M K, GRATZEL M, et al. Perovskite as light harvester: a game changer in photovoltaics[J]. Angewandte Chemie-International Edition, 2014, 53(11): 2812-2824.

[6] KIM Y H, CHO H, HEO J H, et al. Multicolored organic/inorganic hybrid perovskite lightemitting diodes[J]. Advanced Materials, 2015, 27(7): 1248-1254.

[7] TAN Z K, MOGHADDAM R S, LAI M L, et al. Bright light-emitting diodes based on organometal halide perovskite[J]. Nature Nanotechnology, 2014, 9

(9):687-692.

[8] XIAO Z G,WANG D,DONG Q F,et al. Unraveling the hidden function of a stabilizer in a precursor in improving hybrid perovskite film morphology for high efficiency solar cells[J]. Energy & Environmental Science,2016,9(3):867-872.

[9] XING G C,MATHEWS N,LIM S S,et al. Low-temperature solution-processed wavelengthtunable perovskites for lasing[J]. Nature Materials,2014,13(5):476-480.

[10] IM J H,LEE C R,LEE J W,et al. 6.5% Efficient perovskite quantum-dot-sensitized solar cell[J]. Nanoscale,2011,3(10):4088-4093.

[11] KIM H S,LEE C R,IM J H,et al. Lead iodide perovskite sensitized all-solid-state submicron thin film mesoscopic solar cell with efficiency exceeding 9% [J]. Scientific reports,2012,2(1):591.

[12] LEE M M,TEUSCHER J,MIYASAKA T,et al. Efficient hybrid solar cells based on meso-superstructured organometal halide perovskites[J]. Science,2012,338(6107):643-647.

[13] BURSCHKA J,PELLET N,MOON S J,et al. Sequential deposition as a route to high-performance perovskite-sensitized solar cells[J]. Nature,2013,499(7458):316-319.

[14] LIU M,JOHNSTON M B,SNAITH H J. Efficient planar heterojunction perovskite solar cells by vapour deposition[J]. Nature,2013,501(7467):395-398.

[15] LEE J,NOH J H,et al. Efficient inorganic-organic hybrid perovskite solar cells based on pyrene arylamine derivatives as hole-transporting materials[J]. Journal of the American Chemical Society,2013,135(51):19087-19090.

[16] Science News. 2013 Runners-Up. newcomer juices up the race to harness sunlight [J]. Science,2013,342(6165):1438-1439.

[17] JEON N J,NA H,JUNG E H,et al. A fluorene-terminated hole-transporting material for highly efficient and stable perovskite solar cells[J]. Nature Energy,2018,3(8):682-689.

[18] KIM H S,MORA-SERO I,GONZALEZ-PEDRO V,et al. Mechanism of carrier accumulation in perovskite thin-absorber solar cells[J]. Nature Communications,2013,4:2242.

[19] BI D Q, MOON S-J, HÄGGMAN L, et al. Using a two-step deposition technique to prepare perovskite($CH_3NH_3PbI_3$) for thin film solar cells based on ZrO_2 and TiO_2 mesostructures[J]. RSC Advances,2013,3(41):18762−18766.

[20] CHUNG I,LEE B,HE J Q,et al. All-solid-state dye-sensitized solar cells with high efficiency[J]. Nature,2012,485(7399):486−489.

[21] KE W J,FANG G J,LIU Q, et al. Low-temperature solution-processed tin oxide as an alternative electron transporting layer for efficient perovskite solar cells[J].Journal of the American Chemical Society,2015,137(21):6730−6733.

[22] JIANG Q,ZHANG L Q,WANG H L,et al. Enhanced electron extraction using SnO_2 for high-efficiency planar-structure $HC(NH_2)_2PbI_3$-based perovskite solar cells[J]. Nature Energy,2016,2(1):16177.

[23] KIM H B, IM I, YOON Y, et al. Enhancement of photovoltaic properties of $CH_3NH_3PbBr_3$ heterojunction solar cells by modifying mesoporous TiO_2 surfaces with carboxyl groups[J]. Journal of Materials Chemistry A,2015,3(17):9264−9270.

[24] OZAWA H, SUGIURA T, SHIMIZU R, et al. Novel ruthenium sensitizers having different numbers of carboxyl groups for dye-sensitized solar cells: effects of the adsorptio manner at the TiO_2 surface on the solar cell performance[J]. Inorganic Chemistry,2014,53(17):9375−9384.

[25] JIN T Y,LI W,LI Y Q,et al. High-performance flexible perovskite solar cells enabled by low-temperature ALD-assisted surface passivation[J]. Advanced Optical Materials,2018,6(24):1801153.

[26] KIM H S,LEE J W,YANTARA N,et al. High efficiency solid-state sensitized solar cell-based on submicrometer rutile TiO_2 nanorod and $CH_3NH_3PbI_3$ perovskite sensitizer[J]. Nano Letters,2013,13(6):2412−2417.

[27] CHEN P,JIN Z X,WANG Y L, et al. Interspace modification of titania-nanorod arrays for efficient mesoscopic perovskite solar cells[J]. Applied Surface Science,2017,402(1):86−91.

[28] LIU L, YAO H Z, XIA X, et al. A novel dual function acetic acid vapor-assisted thermal annealing process for high-performance TiO_2 nanorods-based perovskite solar cells[J]. Electrochimica Acta,2016,222(Part 1):933−937.

[29] FAKHARUDDIN A,GIACOMO F D,AHMED I,et al. Role of morphology and crystallinity of nanorod and planar electron transport layers on the performance

and long term durability of perovskite solar cells[J]. Journal of Power Sources,2015,283:61-67.

[30] MALI S S,SHIM C S,PARK H K,et al. Ultrathin atomic layer deposited TiO_2 for surface passivation of hydrothermally grown 1D TiO_2 nanorod arrays for efficient solid-state perovskite solar cells[J]. Chemistry of Materials,2015,27(5):1541-1551.

[31] CHEN H N,WEI Z H,YAN K Y,et al. Liquid phase deposition of TiO_2 nanolayer affords $CH_3NH_3PbI_3$/nanocarbon solar cells with high open-circuit voltage[J]. Faraday Discuss,2014,176(1):271-286.

[32] HOSSEINPOUR-MASHKANI S, MADDAHFAR M, SOBHANI-NASAB A. Novel silver-doped $NiTiO_3$: auto-combustion synthesis, characterization and photovoltaic measurements[J]. South African Journal of Chemistry,2017,70:44-48.

[33] SOBHANI-NASAB A,RANGRAZ-JEDDY M,AVANES A,et al. Novel sol-gel method for synthesis of $PbTiO_3$ and its light harvesting applications[J]. Journal of Materials Science:Materials in Electronics,2015,26(12):9552-9560.

[34] LV P,YANG H B,FU W Y,et al. The enhanced photoelectrochemical performance of CdS quantum dots sensitized TiO_2 nanotube/nanowire/nanoparticle arrays hybrid nanostructures[J]. CrystEngComm,2014,16(30):6955-6962.

[35] MOHANTY S. K,BEHERA B,PATI B,et al. Electrical and optical properties of lead-free $0.15(K_{0.5}Bi_{0.5}TiO_3)$-$0.85(NaNbO_3)$ solid solution[J]. Journal of Materials Science:Materials in Electronics,2018,29(14):12269-12277.

[36] SANGWAN K M,AHLAWAT N,RANI S,et al. Influence of Mn doping on electrical conductivity of lead free $BaZrTiO_3$ perovskite ceramic[J]. Ceramics International,2018,44:10315-10321.

[37] BAIKIE T,FANG Y,KADRO J M,et al. Synthesis and crystal chemistry of the hybrid perovskite $CH_3NH_3PbI_3$ for solid-state sensitised solar cell applications[J]. Journal of Materials Chemistry A,2013,1(18):5628-5641.

[38] CHEN H,FU W Y,YANG H B,et al. Photosensitization of TiO_2 nanorods with CdS quantum dots for photovoltaic devices[J]. Electrochimica Acta,2010,56(2):919-924.

[39] CHEN Y,TAO Q,FU W,et al. Enhanced photoelectric performance of PbS/

CdS quantum dot co-sensitized solar cells via hydrogenated TiO_2 nanorod arrays[J]. Chemical Communications, 2014, 50(67): 9509-9512.

[40] MANSER J S, KAMAT P V. Band filling with free charge carriers in organometal halide perovskites[J]. Nature Photonics, 2014, 8(9): 737-743.

[41] LIN Q Q, ARMIN A, NAGIRI R C R, et al. Electro-optics of perovskite solar cells[J]. Nature Photonics, 2015, 9(2): 106-112.

[42] LABAN W A, ETGAR L. Depleted hole conductor-free lead halide iodide heterojunction solar cells[J]. Energy & Environmental Science, 2013, 6(11): 3249-3253.

[43] STRANKS S D, EPERON G E, GRANCINI G, et al. Electron-hole diffusion lengths exceeding 1 micrometer in an organometal trihalide perovskite absorber [J]. Science, 2013, 342(6156): 341-344.

[44] XING G C, MATHEWS N, SUN S Y, et al. Long-range balanced electron-and hole-transport lengths in organic-inorganic $CH_3NH_3PbI_3$[J]. Science, 2013, 342(6156): 344-347.

[45] HUANG X K, HUANG Z Y, XU J, et al. Low-temperature processed ultrathin TiO_2 for efficient planar heterojunction perovskite solar cells [J]. Electrochimica Acta, 2017, 231(17): 77-84.

[46] SINGH T, UDAGAWA Y, IKEGAMI M, et al. Tuning of perovskite solar cell performance via low-temperature brookite scaffolds surface modifications[J]. APL Materials, 2017, 5(1): 016103.

[47] ZHANG X Q, WU Y P, HUANG Y, et al. Reduction of oxygen vacancy and enhanced efficiency of perovskite solar cell by doping fluorine into TiO_2[J]. Journal of Alloys and Compounds, 2016, 681: 191-196.

[48] LEE Y H, PAEK S, CHO K T, et al. Enhanced charge collection with passivation of the tin oxide layer in planar perovskite solar cells[J]. Journal of Materials Chemistry A, 2017, 5: 12729-12734.

[49] ZHANG Z B, XIE L, LIN R K, et al. Enhanced performance of planar perovskite solar cells based on low-temperature processed TiO_2 electron transport layer modified by Li_2SiO_3[J]. Journal of Power Sources, 2018, 392: 1-7.

[50] LEE Y H, LUO J S, SON M K, et al. Enhanced charge collection with passivation layers in perovskite solar cells[J]. Advanced Materials. 2016, 28

(20):3966-3972.

[51] MALI S S, SHIM C S, PARK H K, et al. Ultrathin atomic layer deposited TiO_2 for surface passivation of hydrothermally grown 1D TiO_2 nanorod arrays for efficient solid-state perovskite solar cells[J]. Chemistry of Materials, 2015, 27(5):1541-1551.

[52] ABDI-JALEBI M, DAR M I, SADHANALA A, et al. Impact of a mesoporous titania-perovskite interface on the performance of hybrid organic? inorganic perovskite solar cells[J]. Journal of Physical Chemistry Letters, 2016, 7(16):3264-3269.

[53] 阿茹娜. 碳基混合卤素钙钛矿太阳能电池的制备及其性能研究[D]. 长春:吉林大学,2018.

第4章 化学水浴沉积法修饰电子传输层及其对钙钛矿太阳能电池性能的影响

4.1 引　言

在钙钛矿光伏器件中,各材料层之间存在着多个界面,器件的性能会受到界面缺陷或能级不匹配等问题的影响,直接导致载流子的复合[1-4]。通过引入新的结构层对其表面改性可以有效地提高太阳能电池的光电转换性能。TiO_2纳米棒具有电子迁移率较高和形貌可控等优势,作为电子传输材料被广泛应用在钙钛矿光伏器件中。在第3章的研究中发现通过溶胶凝胶浸涂法可以利用TiO_2纳米颗粒对TiO_2纳米棒电子传输层进行修饰,有效地钝化TiO_2纳米棒表面深能级缺陷,提高电子收集效率,抑制电子和空穴的复合。但是,溶胶凝胶浸涂法适用于小规模生产,其制备周期较长,只能为基础探究提供基底,因此寻求一种省时高效的界面优化手段成为人们进行实验研究的目标。

化学水浴沉积(CBD)法具有低成本、无污染、耗材少等优势,同时还可以在低温条件下进行大面积的生产,因此在薄膜的制备领域受到较多的关注[5-8]。近年来,也有一些课题小组利用CBD法在纳米棒表面进行修饰并研究其对钙钛矿器件的光电性能的影响[9]。通过表面形貌测试,发现利用CBD法制备的TiO_2纳米颗粒是一种随机生长的、无定型的金红石相TiO_2结构。结合既往实验结果和相关文献报道,在CBD过程中加入表面活性剂氟化钠,通过引入氟离子对TiO_2纳米颗粒进行形貌的雕塑和暴露晶面的调控,可以获得暴露(001)面的TiO_2纳米块(NCs)[10-15]。同时,通过这种方法制备的TiO_2纳米块被证明是一种锐钛矿相结构。有大量文献报道,异质结有利于电子的传输和分离,在钙钛矿器件中,电子传输层/钙钛矿层就是一种异质结界面[16-20]。不同的相态有不同的优势,那么两相混合的材料也可以构成异质结构。

本章利用CBD法对纳米棒电子传输层进行界面修饰。通过在CBD过程中引入氟离子(这种方法被标记为F-CBD),使TiO_2纳米块均匀地"生长"在TiO_2

纳米棒表面,构建了一种 TiO$_2$ 纳米块/纳米棒混合薄膜。将这种混合薄膜作为支架结构有利于钙钛矿的涂覆,可以获得结晶性更好的薄膜。与利用常规 CBD 制备的 TiO$_2$ 纳米颗粒相比,利用 F-CBD 制备的 TiO$_2$ 纳米块与 TiO$_2$ 纳米棒之间形成了混相异质结构,可以很好地分离电子和空穴,使电子可以有效地注入电子传输层,最后被电极很好地收集。对于锐钛矿相 TiO$_2$,(001)面的导带位置相对更高,与金红石相 TiO$_2$ 纳米棒结构形成良好的能带梯度,可以驱动电子的有序传输,有效地减少了电子在界面处的堆积[21]。因此,制备这种 TiO$_2$ 纳米块/纳米棒的混合结构并探究该结构对钙钛矿太阳能电池性能的影响,对提高钙钛矿太阳能电池的性能有重要的意义。

4.2 实验方法

4.2.1 化学水浴沉积法修饰 TiO$_2$ 纳米棒电子传输层

FTO 的清洗和 TiO$_2$ 纳米棒的制备方法和条件与第 3 章相同。利用 CBD 和 F-CBD 的方法对 TiO$_2$ 纳米棒电子传输层(即表面)进行修饰,通过配制两种不同的前驱液,在 TiO$_2$ 纳米棒表面分别"生长"出一层致密的 TiO$_2$ 纳米颗粒和 TiO$_2$ 纳米块,完成两种不同基底的制备,可将它们表示为 TiO$_2$ 纳米颗粒/纳米棒、TiO$_2$ 纳米块/纳米棒。基底制备的具体步骤如下:首先进行反应前驱液的配制,在烧杯 1 和 2 中分别倒入 100 mL 蒸馏水,将 25 mL TiCl$_4$ 缓慢加到烧杯 1 中,将25 mL TiCl$_4$ 和 15.6 mL NaF 缓慢加到烧杯 2 中。将两个烧杯都在冰浴条件下搅拌 20 min 至溶液澄清。其次,将制备好的 TiO$_2$ 纳米棒/FTO 基片放入两种配制好的溶液中,在 70 ℃水浴锅中反应 30 min。最后,待反应样品冷却至室温,用蒸馏水将残留的杂质冲洗干净,吹干后放入 450 ℃的马弗炉中退火处理 30 min,冷却后取出备用。

4.2.2 基于 TiO$_2$ 纳米颗粒/纳米棒混合薄膜、TiO$_2$ 纳米块/纳米棒混合薄膜的钙钛矿太阳能电池的制备

通过两步法制备钙钛矿光吸收层。在第 3 章制备方法的基础上有所改动,实验条件略有不同,具体步骤如下:第一,分别将 40 μL 1.2 mol/L 的 PbI$_2$/DMF

前驱液滴加在 TiO$_2$ 纳米棒、TiO$_2$ 纳米颗粒/纳米棒混合薄膜、TiO$_2$ 纳米块/纳米棒混合薄膜上,在 4 000 r/min 的转速下旋转 25 s。第二,取 100 μL MAI/IPA(质量浓度为 25 mg/mL)直接旋涂在上述样品上。旋涂好 PbI$_2$ 的样品不进行退火处理,而是直接旋涂 MAI 溶液,目的是利用 PbI$_2$ 与 MAI 的固相反应减弱异丙醇的影响。第三,将薄膜放在 110 °C 加热板上退火 30 min,使钙钛矿更好地结晶。待样品冷却后继续将 50 μL spiro-MeOTAD 旋涂在钙钛矿上,3 000 r/min 的转速下旋涂 30 s。第四,利用真空镀膜仪在样品表面蒸镀约 80 nm 的 Ag 电极。基于 TiO$_2$ 纳米棒、TiO$_2$ 纳米颗粒/纳米棒混合薄膜、TiO$_2$ 纳米块/纳米棒混合薄膜的钙钛矿太阳能电池制备示意图如图 4.1 所示。

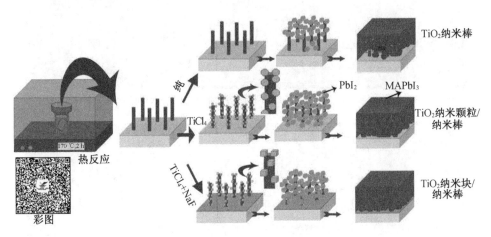

图 4.1　基于 TiO$_2$ 纳米棒、TiO$_2$ 纳米颗粒/纳米棒混合薄膜、TiO$_2$ 纳米块/纳米棒混合薄膜的钙钛矿太阳能电池制备示意图

4.3　化学水浴沉积法制备 TiO$_2$ 纳米颗粒/纳米棒混合薄膜、TiO$_2$ 纳米块/纳米棒混合薄膜的表征

4.3.1　SEM 图片分析

图 4.2 为 TiO$_2$ 纳米棒、TiO$_2$ 纳米颗粒/纳米棒、TiO$_2$ 纳米块/纳米棒混合薄膜的截面和正面 SEM 图。3 种样品的纳米棒长度均约为 550 nm,直径约为

70 nm。如图 4.2(b)和(e)所示,当利用 CBD 法处理 TiO₂ 纳米棒之后,生成的纳米颗粒是均匀、无定型地包覆在纳米棒表面的。当通过在 CBD 过程中添加一定量的 NaF 来引入 F⁻ 后,可以看到原来的无定型纳米颗粒被雕塑成大小均一的纳米小方块,尺寸约为 10 nm,如图 4.2(c)和(f)所示。可以清楚地看到,相比于未做任何处理的 TiO₂ 纳米棒,"生长"了 TiO₂ 纳米颗粒或纳米块的 TiO₂ 纳米棒的表面更加粗糙。同时,这些致密的 TiO₂ 纳米颗粒或纳米块还可以有效地增加 TiO₂ 纳米棒基底的比表面积[22]。

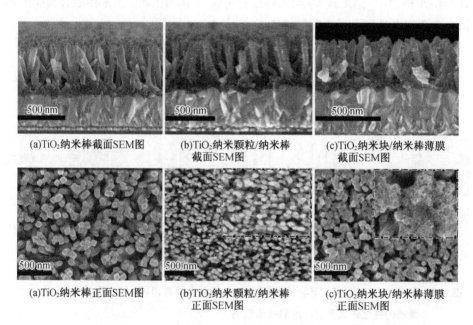

(a)TiO₂纳米棒截面SEM图　(b)TiO₂纳米颗粒/纳米棒截面SEM图　(c)TiO₂纳米块/纳米棒薄膜截面SEM图

(a)TiO₂纳米棒正面SEM图　(b)TiO₂纳米颗粒/纳米棒正面SEM图　(c)TiO₂纳米块/纳米棒薄膜正面SEM图

图 4.2　TiO₂ 纳米棒、TiO₂ 纳米颗粒/纳米棒、TiO₂ 纳米块/纳米棒混合薄膜的截面和正面 SEM 图

4.3.2　XRD 图谱分析

图 4.3(a)为 FTO、TiO₂ 纳米棒、TiO₂ 纳米颗粒/纳米棒混合薄膜和 TiO₂ 纳米块/纳米棒混合薄膜的 XRD 图谱。比较 FTO 和 TiO₂ 纳米棒阵列衍射图谱,在 36.4°和 63.2°的位置出现新的衍射峰。经过对比标准卡片(JCPDS No. 21 - 1276),发现 TiO₂ 纳米棒的两个衍射峰分别很好地对应了金红石相 TiO₂ 的(101)和(002)晶面。在观察 TiO₂ 纳米块/纳米棒混合薄膜的衍射图谱时,发现在 38°角位置的附近出现了新的衍射峰,与 FTO 衍射峰的位置非常相近且不利于观察。

为了准确地分辨晶体的衍射峰,在图4.3(b)中给出了37°～39°范围内衍射图谱的放大图,于37.8°的位置上发现一个微弱的衍射峰,因此确认了在25.3°和37.8°的位置上有两个微弱的衍射峰属于TiO_2纳米块。利用Search-Match软件进行分析,发现这两个峰位分别与锐钛矿相TiO_2的(101)和(004)晶面(JCPDS No.21-1272)很好地对应。在TiO_2纳米颗粒/纳米棒混合薄膜的衍射图谱中没有观察到属于纳米颗粒的衍射峰,分析其原因可能是纳米颗粒的体积分数较小,衍射峰较为微弱,不利于观察。因此,在后续的探究中通过TEM测试分析样品的晶格间距,确认了TiO_2纳米颗粒的晶体结构。

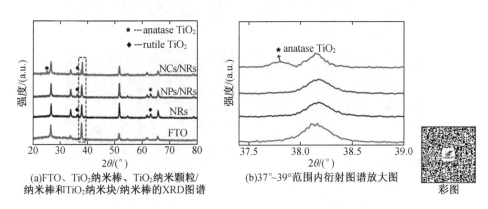

(a)FTO、TiO_2纳米棒、TiO_2纳米颗粒/纳米棒和TiO_2纳米块/纳米棒的XRD图谱 　　(b)37°～39°范围内衍射图谱放大图

图4.3　XRD图谱及部分衍射图谱的放大图

4.3.3　TEM 和 HR-TEM 图片分析

图4.4中分别给出了TiO_2纳米颗粒/纳米棒混合薄膜和TiO_2纳米块/纳米棒混合薄膜的TEM和HR-TEM图。如图4.4所示,纳米棒的晶格条纹宽度为0.322 nm,能够与金红石相的TiO_2(JCPDS card No.21-1276)很好地对应。观察到的纳米颗粒随机地覆盖在纳米棒表面,条纹间距分别为0.205 nm、0.219 nm和0.322 nm,分别对应了金红石相TiO_2的(210)、(111)和(110)晶面。由此可以说明,利用CBD法制备的纳米颗粒属于金红石相TiO_2结构。在图4.4(c)和(d)中,可以观察到10 nm左右的小方块均匀地覆盖在纳米棒表面,图4.4(d)中左上角的小插图为HR-TEM图对应的傅里叶变换。如图4.4(d)显示的条纹间距均为0.189 nm,对应着锐钛矿相TiO_2(020)和(200)晶面,它们之间的夹角为90°,意味着纳米块主要由{001}晶面族组成并沿着[001]晶轴方向生长[23-25]。除此之外,从傅里叶图上还可以看出该单晶结构的纳米块具有较好的结晶性。

结合 XRD 图谱，可以确定制备的 TiO$_2$ 纳米块/纳米棒混合薄膜是一种锐钛矿/金红石混相结构。

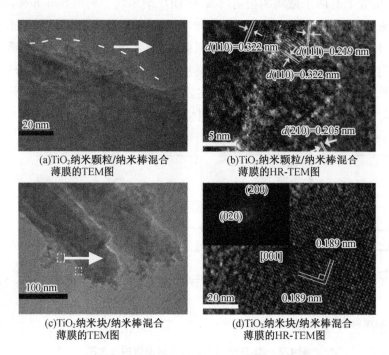

图 4.4　TiO$_2$ 纳米颗粒/纳米棒混合薄膜和 TiO$_2$ 纳米块/纳米棒混合薄膜的 TEM 和 HR-TEM 图

4.3.4　EDS-mapping 能谱分析

为了确认 TiO$_2$ 纳米颗粒/纳米棒混合薄膜的元素构成及分布情况，图 4.5 中给出了样品的 EDS 图谱和 EDS-mapping 元素分布图。从图中可以看出，C 元素、O 元素、Si 元素、Ti 元素和 Cu 元素都均匀地分布在样品中，各元素原子数占比分别为 76.9%、6.95%、0.92%、8.72% 和 6.52%。其中，Si 元素主要来源于 FTO 导电基底，C 元素和 Cu 元素则是测试中仪器带来的杂质。O 元素和 Ti 元素均匀地勾勒出 TiO$_2$ 纳米颗粒/纳米棒混合薄膜的轮廓。在测试中并未发现 Na 元素和 F 元素的存在，与相关文献报道的结果相符，证明了 F$^-$ 仅参与了纳米颗粒形貌雕塑的过程，在最终的退火处理中成功地逸出[26]。图 4.6 为纳米块晶体生长示意图及锐钛矿相 TiO$_2$(001) 面的结构模型。

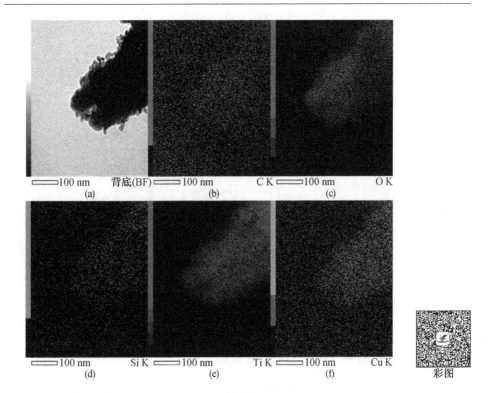

图 4.5　TiO_2 纳米块/纳米棒的 EDS 图谱和 EDS-mapping 元素分布图

表 4.1　EDS 能谱元素成分表

元素	计数/个	质量分数/%	原子数占比/%
C K	12 487.84	48.82	76.90
O K	3 544.33	5.87	6.95
Si K	1 493.12	1.36	0.92
Ti K	18 296.30	22.07	8.72
Cu K	11 859.12	21.88	6.51
全部		100.00	100.00

通常四氯化钛水解过程可以表示为

$$TiCl_4 + nH_2O \longrightarrow H_2[Ti(OH)nCl_{(6-n)}] + (n-2)HCl \quad (4.1)$$

当添加一定量的 NaF 到水解溶液中时，引入的氟离子取代了 TiO_2 表面的羟基，被吸附的 F^- 抑制了 TiO_2 晶体沿着 c 轴方的生长[式(4.2)]，促使 TiO_2 晶体沿[010]和[100]方向生长[27-31]。这样(001)面的生长速率相较于其他面的生长速率变慢,导致该面最终暴露。

$$Ti\text{-}OH + HF \rightarrow Ti\text{-}F + H_2O \tag{4.2}$$

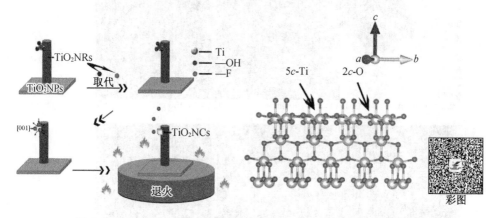

图 4.6 纳米块晶体生长示意图及锐钛矿相 $TiO_2(001)$ 面的结构模型

4.3.5 XPS 能谱和 UV-vis 光谱分析

利用 XPS 仪器对样品的能带结构进行了简单分析,并且通过 UV-vis 测试计算了相应的带隙宽度。根据文献报道,计算能带结构时主要参考的是金红石相 TiO_2 和锐钛矿相 TiO_2 材料的 Ti2p 原子轨道及价带位置,因此测量了金红石相 TiO_2(R-TiO_2)、锐钛矿相 TiO_2(A-TiO_2)及锐钛矿/金红石混相结构的 XPS 数据[32-35]。参考公式如下:

$$\Delta E_v = (A\text{-}Ti2p_{3/2} - A\text{-}TiO_2^{VBM}) - (R\text{-}Ti2p_{3/2} - R\text{-}TiO_2^{VBM}) - \Delta E_{cl} \tag{4.3}$$

式中,VBM 为价带最大值;A-$Ti2p_{3/2}$(A-TiO_2:$Ti2p_{3/2}$)和 R-$Ti2p_{3/2}$(R-TiO_2:$Ti2p_{3/2}$)可以经过 XPS 直接测得;A-TiO_2^{VBM} 和 R-TiO_2^{VBM} 是 X 轴与能量零点附近的曲线相交而得,也可以称为近价带最大位置,如图 4.7(a)和(b)所示。ΔE_{cl} 是指混相结构中两个 $Ti2p_{3/2}$ 的能量差,数据结果显示在图 4.8 中。通过计算求得的 ΔE_v,实际上为金红石相 TiO_2 和锐钛矿相 TiO_2 的价带位置差。通过图 4.9(a)(b) 的 UV-vis 带隙图谱,计算出相应的金红石相 TiO_2 和锐钛矿相 TiO_2 的带隙宽度,最后获得两种混相结构导带位置的差值(ΔE_c)。图 4.10 给出了 TiO_2 锐钛矿/金红石相能带结构图,证实了 TiO_2 混相结构之间存在异质结界面,可以形成良好的 Type-II 结构。

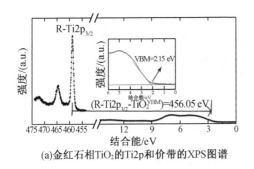
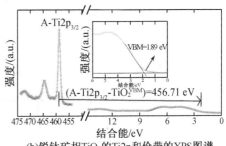

(a)金红石相TiO_2的Ti2p和价带的XPS图谱　　(b)锐钛矿相TiO_2的Ti2p和价带的XPS图谱

图 4.7　XPS 图谱

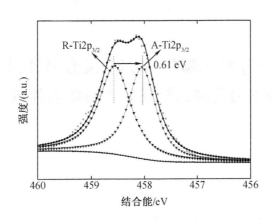

图 4.8　锐钛矿/金红石相结构中 **Ti2p** 位置

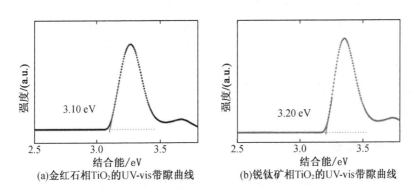

(a)金红石相TiO_2的UV-vis带隙曲线　　(b)锐钛矿相TiO_2的UV-vis带隙曲线

图 4.9　UV-vis 带隙曲线

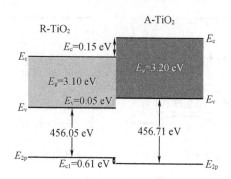

图 4.10 TiO$_2$ 锐钛矿/金红石相能带结构图

4.4 基于 TiO$_2$ 纳米颗粒/纳米棒混合薄膜、TiO$_2$ 纳米块/纳米棒混合薄膜的钙钛矿太阳能电池性能的研究

4.4.1 SEM 图片分析

图 4.11 是基于 TiO$_2$ 纳米棒、TiO$_2$ 纳米颗粒/纳米棒、TiO$_2$ 纳米块/纳米棒混合薄膜上的钙钛矿的正面和截面 SEM 图。如图 4.11(a) 所示,当钙钛矿涂覆在纯 TiO$_2$ 纳米棒表面时,孔隙填充率较低,可明显地看到钙钛矿层和纳米棒的界面结合较差。相反,在图 4.11(b) 和(c)中可以清晰地观察到无论是采用 TiO$_2$ 纳米颗粒还是采用 TiO$_2$ 纳米块来修饰纳米棒,钙钛矿与 TiO$_2$ 纳米棒之间的界面结合都有明显的改善,钙钛矿光吸收层很好地渗入到纳米棒的孔隙中。观察 3 种样品的钙钛矿光吸收层的正面 SEM 图[图 4.11(d) ~ (f)],经过界面修饰的钙钛矿薄膜的结晶性均有所提高,薄膜上存在较少的针孔。

4.4.2 XRD 图谱分析

图 4.12(a)是基于 TiO$_2$ 纳米棒、TiO$_2$ 纳米颗粒/纳米棒混合薄膜和 TiO$_2$ 纳米块/纳米棒混合薄膜的钙钛矿的 XRD 图谱。位于 2θ 角为 14.04°、20.07°、23.52°、24.60°、28.50°、31.97°、40.79°、42.49°和 43.25°的衍射峰分别对应了四方晶系钙钛矿的(110)(112)(211)(202)(220)(312)(224)(411)和(330)晶面[36]。与标准衍射图谱对比,发现钙钛矿沿(110)晶向择优生长。通过高斯拟合计算了(110)衍射峰的半峰宽,对应的参数归纳在图 4.12(b)中。由图可知,

基于这3种电子传输层的钙钛矿的最高谱带的半高宽(FWHM值)由小到大依次为 TiO$_2$ 纳米块/纳米棒混合薄膜、TiO$_2$ 纳米颗粒/纳米棒混合薄膜、TiO$_2$ 纳米棒。FWHM 值越小,意味着制得的样品的结晶性越好。这一结果证明了使用 TiO$_2$ 纳米颗粒和 TiO$_2$ 纳米块修饰纳米棒表面,有利于钙钛矿光吸收层的成膜和更好地结晶,与 SEM 图结果一致。

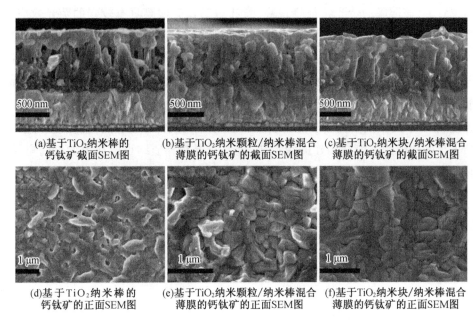

图 4.11 基于 TiO$_2$ 纳米棒、TiO$_2$ 纳米颗粒/纳米棒混合薄膜、TiO$_2$ 纳米块/纳米棒混合薄膜的钙钛矿的截面和正面 SEM 图

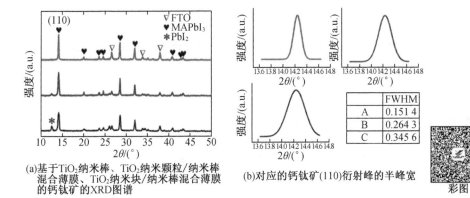

图 4.12 钙钛矿的 XRD 图谱及对应衍射峰的半峰宽

4.4.3 PL 发光光谱分析

图 4.13 为基于玻璃、TiO_2 纳米棒、TiO_2 纳米颗粒/纳米棒混合薄膜和 TiO_2 纳米块/纳米棒混合薄膜的钙钛矿的 PL 图谱。通过稳态荧光测试可以更好地了解载流子的传输过程。观察 PL 图谱可知,将钙钛矿旋涂在玻璃上时,在 775 nm 的位置上,该薄膜的荧光特征峰最高,意味着钙钛矿薄膜具有较强的荧光效应。当将钙钛矿旋涂在电子传输层上时,荧光特征峰明显减弱,意味着产生的电子可以从钙钛矿中被有效地抽取出来,通过电子传输层传输到电极[36-37]。比较 3 种电子传输层,以 TiO_2 纳米块/纳米棒混合薄膜为基底的钙钛矿薄膜的峰的下降幅度最大,其次是以 TiO_2 纳米颗粒/纳米棒混合薄膜为基底的钙钛矿薄膜。这意味着使用 TiO_2 纳米块修饰电子传输层,展现了最优的电子萃取和传输性能。这一结果很好地说明了前文构建的锐钛矿/金红石混相异质结可以在界面处将电子和空穴更好地分离。

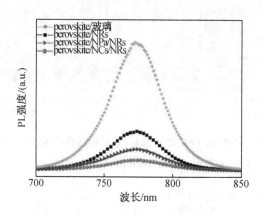

图 4.13 基于玻璃、TiO_2 纳米棒、TiO_2 纳米颗粒/纳米棒混合薄膜和 TiO_2 纳米块/纳米棒混合薄膜的钙钛矿的 PL 图谱

4.4.4 UV-vis 可见光谱分析

图 4.14 基于 TiO_2 纳米棒、TiO_2 纳米颗粒/纳米棒混合薄膜和 TiO_2 纳米块/纳米棒混合薄膜的钙钛矿的 UV-vis 吸收光谱图。由图 4.14 可以看出,以 3 种电子传输层为基底的钙钛矿薄膜的吸收边位置相近,没有特别明显的变化,然而吸收强度却有很大的差异。可以清晰地看到,基于 TiO_2 纳米块/纳米棒混合薄膜的

钙钛矿的吸收强度最大,明显高于其他两种样品。钙钛矿的制备条件完全一致,意味着在基于 TiO_2 纳米块/纳米棒混合薄膜的样品的纳米棒阵列中吸附了更多的钙钛矿材料,因而展现了更好的光吸收性能[38]。

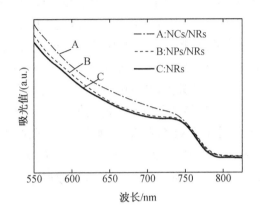

彩图

图 4.14 基于 TiO_2 纳米棒、TiO_2 纳米颗粒/纳米棒、TiO_2 纳米块/纳米棒混合薄膜的钙钛矿的 UV-vis 吸收光谱图

4.4.5 J-V 特性曲线及 EQE 光谱分析

图 4.15(a)为基于 TiO_2 纳米棒、TiO_2 纳米颗粒/纳米棒混合薄膜和 TiO_2 纳米块/纳米棒混合薄膜的钙钛矿太阳能电池的 J-V 特性曲线,相应的光电参数如表 4.2 所示。由图 4.15(a)可知,以 TiO_2 纳米棒为基底的钙钛矿太阳能电池的光电转换效率最低,仅为 10.29%。基于 TiO_2 纳米颗粒/纳米棒混合薄膜和 TiO_2 纳米块/纳米棒混合薄膜电子传输层的钙钛矿太阳能电池的光电转换效率可分别达 12.97% 和 15.56%,两种电池的各项参数都高于以 TiO_2 纳米棒为基底的钙钛矿太阳能电池。SEM 图和 XRD 图谱已证实,与单纯使用 TiO_2 纳米棒相比,无论是利用 TiO_2 纳米颗粒还是利用 TiO_2 纳米块对电子传输层进行修饰,均可以为钙钛矿的涂覆提供更有利的介孔支架,促进其更好地结晶。钙钛矿薄膜结晶性的提高,有效地减少了钙钛矿薄膜的界面缺陷,进而使钙钛矿太阳能电池的 V_{oc} 和 η_{FF} 得到提高。对比以 TiO_2 纳米颗粒/纳米棒混合薄膜和 TiO_2 纳米块/纳米棒混合薄膜为电子传输层的两种钙钛矿太阳能电池,以 TiO_2 纳米块/纳米棒混合薄膜为基底的钙钛矿太阳能电池的 J_{sc} 最高,可达 21.25 mA/cm^2。电流密度的提高意味着电池在电极处收集了更多的电荷。分析产生这一结果的原因主要是以下几点:根据文献报道,(001)面的 TiO_2 可增加纳米棒的表面活性,使之可

以吸附更多的钙钛矿材料,促进钙钛矿光吸收层在支架层的填充[39-41]。从 SEM 图谱中观察到,随着 TiO_2 的加入,钙钛矿薄膜在电子传输层中的孔隙填充率明显提高,UV-vis 数据也证实了 TiO_2 纳米块/纳米棒混合薄膜的介孔阵列里吸附的钙钛矿光吸收层有所增多。钙钛矿良好的孔隙填充可以提高载流子浓度,产生更多的电子-空穴对。另外,均匀有序的 TiO_2 纳米块增加了 TiO_2 纳米棒的比表面积,为载流子有效注入提供更大的接触面积。此外,在前面的实验中已经发现 TiO_2 纳米块和 TiO_2 纳米棒可以形成一种锐钛矿/金红石混相的异质结。异质结有利于界面处电子和空穴的分离,减少电子在界面处的积累,促进电子从钙钛矿层到电子传输层的注入,最终被电极有效地收集[42-43]。图 4.15(b)展示了 3 种钙钛矿太阳能电池的外量子效率光谱图,如图所示,在产生光响应的波长范围(350~800 nm)内,经过积分计算得到它们的 J_{sc} 分别为 17.86 mA/cm^2、18.84 mA/cm^2 和 20.67 mA/cm^2,与 $J-V$ 测量值较好地吻合,验证了 $J-V$ 测量结果的可靠性。

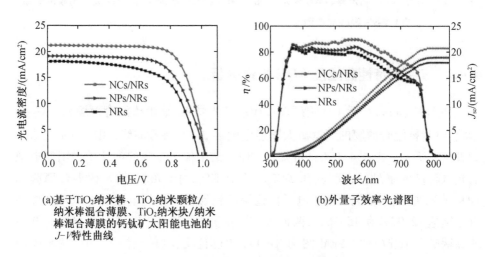

(a)基于TiO_2纳米棒、TiO_2纳米颗粒/纳米棒混合薄膜、TiO_2纳米块/纳米棒混合薄膜的钙钛矿太阳能电池的 $J-V$ 特性曲线

(b)外量子效率光谱图

图 4.15 $J-V$ 特性曲线和外量子效率光谱图

表 4.2 基于不同电子传输层的钙钛矿电池光电参数

基底	$J_{sc}/(mA/cm^2)$	V_{oc}/V	η_{FF}	$\eta_{PCE}/\%$
NRs	18.02	0.97	0.59	10.29
NPs/NRs	18.98	1.02	0.67	12.97
NCs/NRs	21.25	1.02	0.72	15.56

4.4.6 钙钛矿太阳能电池重复性的研究

图 4.16 是基于 TiO_2 纳米块/纳米棒混合薄膜(A)、TiO_2 纳米颗粒/纳米棒混合薄膜(B)、TiO_2 纳米棒(C)的钙钛矿太阳能电池的光电性能统计图,每种基底制备了 15 片,一共测试了 45 个钙钛矿太阳能电池。从图 4.16 中可以清晰地看到,V_{oc}、J_{sc}、η_{FF} 和 η_{PCE} 这些参数的标准差都在很小的范围,说明实验具有很好的可重复性。

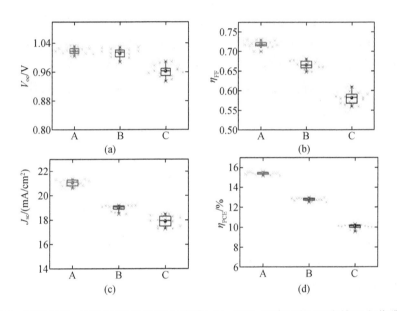

图 4.16 基于 TiO_2 纳米块/纳米棒混合薄膜(A)、TiO_2 纳米颗粒/纳米棒混合薄膜(B)、TiO_2 纳米棒(C)的钙钛矿太阳能电池的光电性能统计图

本章通过 CBD 和 F-CBD 的方法在 TiO_2 纳米棒表面分别"生长"了一层金红石相 TiO_2 纳米颗粒和锐钛矿相纳米块,并在这种 TiO_2 纳米颗粒/纳米棒混合薄膜、TiO_2 纳米块/纳米棒混合薄膜的基础上组装了钙钛矿太阳能电池,整个制备过程均在湿度约为 40% 的空气中进行。通过测试分析,得出以下结论:

(1) 利用 CBD 法可以大面积地生产钙钛矿太阳能电池,有效地缩短了实验周期。利用这种方法制备的混合薄膜的 TiO_2 纳米颗粒致密均匀,可以有效地钝化纳米棒表面缺陷。TiO_2 纳米颗粒/纳米棒混合结构有利于钙钛矿的涂覆,能形成高结晶的钙钛矿薄膜。与以纯 TiO_2 纳米棒为基底的钙钛矿太阳能电池相比,经过 CBD 法界面修饰的钙钛矿太阳能电池的光电转换效率有明显提高。

(2)在 CBD 过程引入 F^-，制备了一种暴露(001)高活性面的纳米块结构。TiO_2 的(001)面具有较强的吸附特性，可以吸附更多的钙钛矿，提高钙钛矿材料的孔隙填充率，产生更多的载流子。以这种纳米块作为界面修饰材料，同 CBD 法制备的 TiO_2 纳米颗粒一样可以阻挡空穴的传输，形成的 TiO_2 纳米块/纳米棒混合薄膜结构也有利于钙钛矿更好地结晶。

(3)TiO_2 纳米块是一种锐钛矿相的结构，可以和金红石相 TiO_2 纳米棒形成混相异质结构。相比于金红石相的 TiO_2 纳米颗粒/纳米棒混合薄膜，混相异质结有利于电子和空穴的分离，界面处的电子可以有效地被传输至电极。TiO_2 纳米块、纳米棒和钙钛矿之间能形成良好的阶梯状能带结构，有效地减少了电子的堆积。基于 TiO_2 纳米块/纳米棒混合薄膜的钙钛矿太阳能电池的光电转换效率最高，经过测试发现，其获得了最高的 J_{sc}。对于这 3 种电池，分别组装了 15 片进行光电测试。发现这些样品的光电参数的标准差均在很小的范围内，说明实验具有较好的可重复性。

4.5 参 考 文 献

[1] PARK N G. Perovskite solar cells: an emerging photovoltaic technology[J]. Materials Today, 2015, 18(2): 65-72.

[2] JUNG H S, PARK N G. Perovskite solar cells: from materials to devices[J]. Small, 2015, 11(1): 10-25.

[3] ASGHAR M I, ZHANG J, WANG H, et al. Device stability of perovskite solar cells—a review[J]. Renewable and Sustainable Energy Reviews, 2017, 77: 131-146.

[4] NOH J H, IM S H, HEO J H, et al. Chemical management for colorful, efficient, and stable inorganic-organic hybrid nanostructured solar cells[J]. Nano Letters, 2013, 13(4): 1764-1769.

[5] KANGARLOU H, ESMAILI P. Production of zinc oxide thin films and crystals in different deposition times and investigation of their structural, optical and electronic properties[J]. Materials Science-Poland, 2019, 37(1): 90-99.

[6] KARADE S S, AGARWAL A, PANDIT B, et al. First report on solution processed α-Ce_2S_3 rectangular microrods: an efficient energy storage

supercapacitive electrode[J]. Journal of Colloid and Interface Science, 2019, 535:169-175.

[7] HADAR M-L, TZVI T, NITZAN M, et al. Electrical and optical characterization of extended SWIR detectors based on thin films of nano-columnar PbSe[J]. Infrared Physics & Technology, 2019, 96:89-97.

[8] ZHENG Z H, LIN J P, SONG X H, et al. Optical properties of ZnO nanorod films prepared by CBD method[J]. Chemical Physics Letters, 2018, 712:155-159.

[9] CHEN X, TANG L J, YANG S, et al. A low-temperature processed flower-like TiO_2 array as an electron transport layer for high-performance perovskite solar cells[J]. Journal of Materials Chemistry A, 2016, 4(17):6521-6526.

[10] XIANG Q J, LV K L, YU J G. Pivotal role of fluorine in enhanced photocatalytic activity of anatase TiO_2 nanosheets with dominant (001) facets for the photocatalytic degradation of acetone in air[J]. Applied Catalysis B: Environmental, 2010, 96(3-4):557-564.

[11] HE Z Q, CAI Q L, HONG F Y, et al. Effective enhancement of the degradation of oxalic acid by catalytic ozonation with TiO_2 by exposure of (001) facets and surface fluorination[J]. Industrial & Engineering Chemistry Research, 2012, 51(16):5662-5668.

[12] MENZEL R, DUERRBECK A, LIBERTI E, et al. Determining the morphology and photocatalytic activity of two-dimensional anatase nanoplatelets using reagent stoichiometry[J]. Chemistry of Materials, 2013, 25(10):2137-2145.

[13] ZHANG D Q, LI G S, WANG H B, et al. Biocompatible anatase single-crystal photocatalysts with tunable percentage of reactive facets[J]. Crystal Growth & Design, 2010, 10(3):1130-1137.

[14] HAN X G, WANG X, XIE S F, et al. Carbonate ions-assisted syntheses of anatase TiO_2 nanoparticles exposed with high energy (001) facets[J]. Rsc Advances, 2012, 2(8):3251-3253.

[15] QI L F, YU J G, JARONIEC M. Preparation and enhanced visible-light photocatalytic H_2-production activity of CdS-sensitized Pt/TiO_2 nanosheets with exposed (001) facets[J]. Physical Chemistry Chemical Physics, 2011, 13(19):8915-8923.

[16] ZHAO H P, LI G F, TIAN F, et al. g-C_3N_4 surface-decorated $Bi_2O_2CO_3$ for

improved photocatalytic performance: theoretical calculation and photodegradation of antibiotics in actual water matrix[J]. Chemical Engineering Journal,2019,366:468-479.

[17] LIU J,MU X J,YANG Y,et al. Construct 3D Pd@MoS_2-conjugated polypyrrole framworks heterojunction with unprecedented photocatalytic activity for Tsuji-Trost reaction under visible light[J]. Applied Catalysis B: Environmental,2019,244:356-366.

[18] CHACHVALVUTIKUL A,JAKMUNEE J,THONGTEM S,et al. Novel $FeVO_4$/$Bi_7O_9I_3$ nanocomposite with enhanced photocatalytic dye degradation and photoelectrochemical properties[J]. Applied Surface Science, 2019, 475: 175-184.

[19] ZHANG Y H,LI Y L,JIU B B,et al. Highly enhanced photocatalytic H_2 evolution of Cu_2O microcube by coupling with TiO_2 nanoparticles[J]. Nanotechnology,2019,30(14):145401.

[20] SALEHI M,ESHAGHI A,TAJIZADEGAN H. Synthesis and characterization of TiO_2/$ZnCr_2O_4$ core-shell structure and its photocatalytic and antibacterial activity[J]. Journal of Alloys and Compounds,2019,778:148-155.

[21] TOYODA T,SHEN Q,HORI K,et al. Crystal growth, exponential optical absorption edge,and ground state energy level of PbS quantum dots adsorbed on the(001),(110),and (111) surfaces of rutile-TiO_2[J]. The Journal of Chemical Physical Chemistry C,2018,122:13590-13599.

[22] DING D,ZHOU B,LIU S R,et al. A facile approach for photoelectrochemical performance enhancement of CdS QD-sensitized TiO_2 via decorating {001} facet-exposed nano-polyhedrons onto nanotubes[J]. RSC Advances, 2017, 7(59):36902-36908.

[23] SHAN G B,DEMOPOULOS G P. The synthesis of aqueous-dispersible anatase TiO_2 nanoplatelets[J]. Nanotechnology,2010,21(2):025604.

[24] LAI Z C,PENG F,WANG Y,et al. Low temperature solvothermal synthesis of anatase TiO_2 single crystals with wholly {100} and {001} faceted surfaces [J]. Journal of Materials Chemistry,2012,22(45):23906-23912.

[25] LIU S W,YU J G,JARONIEC M. Anatase TiO_2 with Dominant high-energy {001} facets:synthesis,properties,and applications[J]. Chemistry Materials, 2011,23(18):4085-4093.

[26] YU J G, WANG W G, CHENG B, et al. Enhancement of photocatalytic activity of mesoporous TiO_2 powders by hydrothermal surface fluorination treatment[J]. The Journal of Physical Chemistry C, 2009, 113(16): 6743-6750.

[27] BUSLAEV Y A, DYER D S, RAGSDALE R O. Hydrolysis of titanium tetrafluoride[J]. Inorganic Chemistry, 1967, 6(12): 2208-2212.

[28] YANG H G, ZENG H C. Control of nucleation in solution growth of anatase TiO_2 on glass substrate[J]. The Journal of Physical Chemistry B, 2003, 107(44): 12244-12255.

[29] CHEN J S, ARCHER L A, LOU X W D. SnO_2 hollow structures and TiO_2 nanosheets for lithium-ion batteries[J]. Journal of Materials Chemistry, 2011, 21(27): 9912-9924.

[30] ZHANG J, HUANG F, LIN Z. Progress of nanocrystalline growth kinetics based on oriented attachment[J]. Nanoscale, 2010, 2(1): 18-34.

[31] LIU S W, YU J G, JARONIEC M. Tunable photocatalytic selectivity of hollow TiO_2 microspheres composed of anatase polyhedra with exposed (001) facets[J]. Journal of the American Chemical Society, 2010, 132(34): 11914-11916.

[32] 许信. 钙钛矿太阳能电池电子传输层与界面研究[D]. 北京: 中国科学院大学, 2017.

[33] WANG J, LIU X L, YANG A L, et al. Measurement of wurtzite ZnO/rutile TiO_2 heterojunction band offsets by x-ray photoelectron spectroscopy[J]. Applied Physics A, 2011, 103(4): 1099-1103.

[34] ZAMFIRESCU M, KAVOKIN A, GIL B, et al. ZnO as a material mostly adapted for the realization of room-temperature polariton lasers[J]. Physics Review B, 2002, 65(16): 161205.

[35] XU Y, MARTIN A, SCHOONEN M, et al. The absolute energy positions of conduction and valence bands of selected semiconducting minerals[J]. American Mineralogist, 2000, 85(3-4): 543-556.

[36] HUANG X, BI W T, JIA P C, et al. Enhanced efficiency and light stability of planar perovskite solar cells by diethylammonium bromide induced large-grain 2D/3D hybrid film[J]. Organic Electronics, 2019, 67: 101-108.

[37] BAGHERZADEH-KHAJEHMARJAN E, NIKNIAZI A, OLYAEEFA B, et al. Bulk luminescent solar concentrators based on organic-inorganic $CH_3NH_3PbBr_3$ perovskite fluorophores[J]. Solar Energy Materials and Solar Cells, 2019, 192: 44-51.

[38] ZHONG M, CHAI L, WANG Y J. Core-shell structure of ZnO@TiO$_2$ nanorod arrays as electron transport layer for perovskite solar cell with enhanced efficiency and stability[J]. Applied Surface Science, 2019, 464:301-310.

[39] ETGAR L, GAO P, XUE Z S, et al. Mesoscopic CH$_3$NH$_3$PbI$_3$/TiO$_2$ heterojunction solar cells[J]. Journal of the American Chemical Society, 2012, 134(42):17396-17399.

[40] YE L Q, MAO J, LIU J Y, et al. Synthesis of anatase TiO$_2$ nanocrystals with {101}, {001} or {010} single facets of 90% level exposure and liquid-phase photocatalytic reduction and oxidation activity orders[J]. Journal of Materials Chemistry A, 2013, 1(35):10532-10537.

[41] WANG J G, BIAN Z F, ZHU J, et al. Ordered mesoporous TiO$_2$ with exposed (001) facets and enhanced activity in photocatalytic selective oxidation of alcohols[J]. Journal of Materials Chemistry A, 2013, 1(4):1296-1302.

[42] TIWARI A, MONDAL I, GHOSH S, et al. Fabrication of mixed phase TiO$_2$ heterojunction nanorods and their enhanced photoactivities[J]. Physical Chemistry Chemical Physics, 2016, 18(22):15260-15268.

[43] PAN L, HUANG H, LIM C, et al. TiO$_2$ rutile-anatase core-shell nanorod and nanotube arrays for photocatalytic applications[J]. RSC Advances, 2013, 3(11):3566-3571.

第5章 混合溶剂蒸气退火对钙钛矿薄膜和电池性能的影响

5.1 引　　言

钙钛矿晶体的形状和尺寸直接影响钙钛矿太阳能电池的光学和电学性质。薄膜优化成为提高电池能量转换效率的关键[1-5]。钙钛矿薄膜的沉积方法主要包括一步法、连续沉积法及气相沉积法等。一步法可以保证溶剂的挥发及晶体的完全形成。但是薄膜的生成对实验条件极其敏感，形貌不易控制。利用两步法制备钙钛矿薄膜是一种可控性高、易重复的方法，可以做到精确定量。气相沉积法通过利用前驱液在真空条件下的混蒸技术可以得到均匀致密的薄膜，但是这种方法除了要对成分进行精准控制外，还要在真空条件下进行，违背了制备高效率、低成本的新能源电池的初衷。

对于介孔结构的钙钛矿太阳能电池，本书通过依次旋涂 PbI_2 和 MAI 前驱液到介孔支架层上获得钙钛矿光吸收层。通过优化钙钛矿层与电子传输层之间的界面，促进了钙钛矿吸光层在介孔支架上的孔隙填充。由于 TiO_2 介孔通道复杂无序，渗入的 PbI_2 未能及时反应就会有部分 PbI_2 残留。同时，基于介孔结构的钙钛矿薄膜颗粒不均匀，表面非常粗糙。旋涂完空穴传输层后，基底表面的不平滑会影响电极的覆盖，最终会影响电子传输性能。为了优化薄膜平滑度和提高薄膜质量，可采用溶剂辅助退火的方法。溶剂退火是指在溶剂的气体环境下对钙钛矿薄膜进行热处理，促进晶界的扩散和融合，最终改善薄膜的结晶性和形貌[6-9]。杨阳及其课题组成员发现空气环境中有适当的水分可以促进晶体融合，使晶界发生移动，最终形成无缺陷的薄膜[10]。DMF 和 DMSO 等极性非质子溶剂被广泛应用在溶剂工程中，这是因为它们可以很好地溶解碘化铅，进一步使钙钛矿晶粒的溶解与结晶达到一种动态平衡，最终使获得的钙钛矿具有较大晶粒尺寸[10,11-13]。但是在实验和文献报道中发现，这些溶剂对材料具有极强的溶解性，在钙钛矿成膜的过程中很难得到精准的控制。为了解决这个问题，越来越多的科研工作者选择使用温和的醇类溶剂进行辅助退火。有文献报道,以异丙醇(IPA)为溶剂可以为反应提供湿润的环境,通过延迟反应时间来促进晶粒的生长[14-18]。

在第 4 章实验探究的基础上,本章在 IPA 溶剂气体环境中对钙钛矿薄膜进行退火,研究了该退火条件对钙钛矿薄膜生长的影响。同时,在退火的过程中添加了一定体积的 N-甲基-2-吡咯烷酮(NMP)来辅助退火,研究混合溶剂退火对介孔结构的钙钛矿太阳能电池性能的影响。通过调节 IPA 与 NMP 的体积比,在最优的实验条件下(IPA:NMP = 19:1)获得了平滑的、高度结晶的钙钛矿薄膜。通过 AFM 测试发现钙钛矿薄膜表面的粗糙度降低,平滑的基底有利于空穴传输材料和钙钛矿层的涂覆与结合,可以将更多的空穴传输至电极。同时,利用 SEM 测试和 Nano Measurer 软件进行分析发现,与常规热退火的方法相比,使用混合溶剂退火方法的钙钛矿的平均晶粒尺寸增长了 1 倍,在相应光电数据上也显示出明显的优势,光电转换效率提高了 10%。据文献报道,钙钛矿晶粒尺寸和晶界对钙钛矿在潮湿环境中的降解有直接影响。因此,本书在空气中对钙钛矿太阳能电池进行稳定性测试,证实了混合溶剂退火的方法可以有效地延缓钙钛矿太阳能电池的分解。

5.2 实 验 部 分

采用 CBD 和水热的方法分别制备 TiO_2 致密层和 TiO_2 纳米棒电子传输层,并对 TiO_2 纳米棒表面进行修饰,具体实验方法参照第 4 章 4.2 节。采用两步旋涂的方法制备钙钛矿光吸收层,实验条件与第 4 章一致。对旋涂后的钙钛矿薄膜分别进行常规的热退火及不同溶剂条件下的退火。具体方法如下:

常规的热退火:将旋涂好的钙钛矿基片直接放在加热板的中间位置上,100 ℃下退火 30 min,此样品标记为 TA-per。

不同溶剂条件下的退火:将钙钛矿基片放在加热台的中间,在培养皿的边缘处滴加 20 μL 混合溶剂,用 10 cm×10 cm 的培养皿罩在加热台上,100 ℃下退火 30 min。添加 IPA 和 NMP 混合溶剂的体积比分别为 1:0、19:1、9:1 和 0:1,所得样品分别标记为 MS-per/1:0、MS-per/19:1、MS-per/9:1 和 MS-per/0:1。

待制得的样品冷却后,对其旋涂空穴传输层和蒸镀金属电极,方法和条件与第 4 章一致。钙钛矿薄膜生长和退火实验流程如图 5.1 所示。

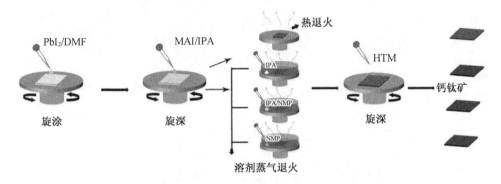

图 5.1 钙钛矿薄膜生长和退火实验流程

5.3 不同体积比混合溶剂条件下的钙钛矿太阳能电池性能研究

5.3.1 SEM 图片分析

图 5.2 为不同退火条件下钙钛矿薄膜的正面 SEM 图及钙钛矿晶粒统计图，其中，(a)~(e)分别对应着不同的退火条件:TA-per、MS-per/1:0、MS-per/19:1、MS-per/9:1 和 MS-per/0:1。分别在 500 nm 和 2 μm 的标尺下观察样品形貌，发现经过常规热退火的钙钛矿薄膜的晶粒较小，薄膜表面高低起伏较大，如图 5.2(a)所示。从图 5.2(b)~(e)中分别可以看到，相比于 TA-per，MS-per/1:0 条件下获得的钙钛矿薄膜的晶粒尺寸有所增加，表面起伏不平的小颗粒发生了明显地减少；随着 NMP 的增加，薄膜晶粒继续生长，小颗粒基本消失，薄膜更加趋于平整均匀；但是，当继续增加 NMP 的体积时，钙钛矿晶界处出现明显的缺陷，分析原因可能是 IPA 为反应提供的湿润环境可以促进晶体的生长[19]。少量的 NMP 辅助退火可以溶解钙钛矿晶粒，形成溶解和结晶的动态平衡，提高薄膜整体的平整度。当 NMP 添加过量时，因为其对 PbI_2 有极强的溶解性，破坏了这个动态的平衡，导致晶界处钙钛矿的分解[20-22]。观察图 5.2(f)，可以清晰地看到 MS-per/19:1 条件下制备的钙钛矿薄膜的平均晶粒尺寸最大，相对均匀。

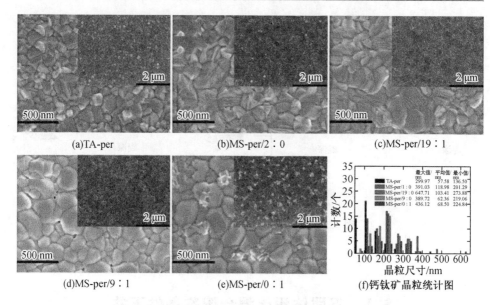

图 5.2 不同退火条件下钙钛矿薄膜的正面 SEM 图及钙钛矿晶粒统计图

5.3.2 XRD 图谱分析

为了观察钙钛矿薄膜的结晶性和晶体结构,图 5.3 为不同退火条件下钙钛矿薄膜的 XRD 图谱,即分别给出了样品经过常规热退火和混合溶剂辅助退火的 XRD 图谱。通过仔细观察钙钛矿(110)晶面的衍射峰并计算了 5 种薄膜上该衍射峰的 FWHM 值,发现 MS-per/19:1 的衍射峰强度最高,FWHM 值最小,证明在混合溶剂辅助退火条件下(19:1)制备的钙钛矿薄膜的结晶性最高。在 IPA 与 NMP 混合体积比为 0:1 时,也就是只通过 NMP 溶剂蒸气进行退火,(110)晶面的衍射峰变弱,在 12.6°的位置上出现了 PbI_2 的衍射峰。这与 SEM 图结果相符,表明过量的 NMP 会造成钙钛矿的分解,产生 PbI_2 杂质。

5.3.3 UV-vis 可见光谱

图 5.4 为不同退火条件下钙钛矿薄膜的 UV-vis 可见光谱。观察图谱发现,5 种钙钛矿薄膜的光吸收都是从 800 nm 开始的,吸收边位置相近。对比吸收峰的强度可以清楚地看到,在 550~750 nm 范围内,MS-per/19:1 薄膜具有最高的吸收峰,这与 SEM 图和 XRD 图结果一致。由于 MS-per/19:1 薄膜的晶粒尺寸变大、薄膜结晶性变得更好,晶体内部缺陷也随之减少,有利于钙钛矿层吸收太阳光并

产生更多的载流子[23-27]。

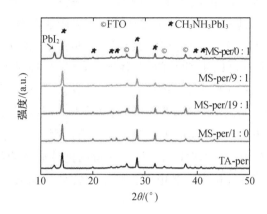

图 5.3　不同退火条件下钙钛矿薄膜的 XRD 图谱

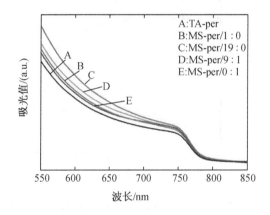

图 5.4　不同退火条件下钙钛矿薄膜的 UV-vis 可见光谱

5.3.4　J-V 特性曲线分析

图 5.5 为不同退火条件下钙钛矿太阳能电池的 J-V 特性曲线,表 5.1 为相应的光电参数。通过观察数据发现,使用溶剂辅助退火的方法制备钙钛矿太阳能电池,其光电性能与常规热退火相比发生了很大的改变。图表中显示出使用常规热退火方式的钙钛矿太阳能电池的光电转换效率可达 15.35% 左右,当 IPA 与 NMP 的体积比从 1∶0 改变至 19∶1 时,钙钛矿太阳能电池的光电转换效率增加,可达 16.98%。但是,随着提高 NMP 的添加比例,钙钛矿太阳能电池的性能明显下降。IPA 作为一种弱配位的溶剂,对 PbI_2 的溶解度较小,与常规热退火的

固相反应环境相比,可以为反应提供湿润的环境及为前驱液提供更长的扩散距离[28]。因此,利用 IPA 溶剂退火可以促使钙钛矿晶粒尺寸增长,结晶性随之提高。高质量的钙钛矿薄膜可以有效地增加钙钛矿太阳能电池的 η_{FF},MS-per/19:1 薄膜的 η_{FF} 可以达到 0.73。NMP 作为混合溶剂中的一员,对 PbI_2 有较强的溶解性。微量的 NMP 蒸气可以使钙钛矿的晶体溶解再结晶,通过形成溶解和结晶的动态平衡,获得均匀平滑的钙钛矿薄膜。但是,当添加的 NMP 的体积过量时,部分溶解的 PbI_2 会残留在钙钛矿晶界处,在光电数据上可以观察到钙钛矿太阳能电池的 η_{FF} 和 η_{PCE} 下降,与前面的测试结果相吻合。因此,通过调节混合溶剂中各成分的体积比,在 MS-per/19:1 的条件下获得的钙钛矿薄膜的质量最优,钙钛矿太阳能电池性能最好,相应的光电转换效率比常规热退火的钙钛矿太阳能电池提高了 10%。

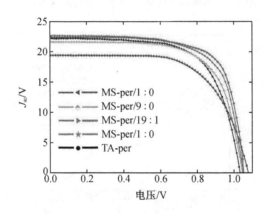

图 5.5　不同退火条件下钙钛矿太阳能电池的 J–V 特性曲线

表 5.1　不同退火条件下钙钛矿太阳能电池的光电参数

基底	$J_{SC}/(mA/cm^2)$	V_{OC}/V	η_{FF}	$\eta_{PCE}/\%$
TA – per	22.0	1.03	0.68	15.35
MS – per/1:0	22.6	1.05	0.69	16.29
MS – per/19:1	22.3	1.05	0.73	16.98
MS – per/9:1	21.4	1.04	0.69	15.26
MS – per/0:1	19.3	1.07	0.65	13.30

5.3.5 AFM 图片分析

为了观察钙钛矿薄膜的表面结构,图 5.6 中分别给出了 TA-per 和 MS-per/19∶1 退火条件下钙钛矿薄膜的 AFM 图。AFM 图可以很好地反映样品表面的高低起伏状态,均方根(RMS)值的大小可直接反映样品表面的粗糙程度[29]。从图 5.6 中可以看到,TA-per 样品的 RMS 值较大,MS-per/19∶1 的相对更低,这与 SEM 图观测到的结果相符,证明了 MS-per/19∶1 退火可以降低样品表面的粗糙度,使钙钛矿薄膜更加平整。

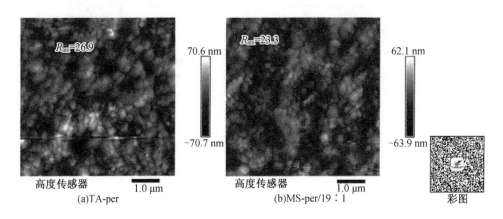

图 5.6 TA-per 和 MS-per/19∶1 退火条件下钙钛矿薄膜的 AFM 图

5.3.6 PL 发光光谱分析

如图 5.7 所示,对 TA-per 和 MS-per/19∶1 条件下制备的钙钛矿薄膜进行了 PL 测试。两种薄膜均在 770 nm 处展现了最高的荧光特征峰。比较特征峰的强弱,发现样品 TA-per 明显低于 MS-per/19∶1,意味着使用混合溶剂退火制备的钙钛矿薄膜产生了更多的载流子,具有更强的荧光效应。该结果与之前的测试很好地吻合,证实使用混合溶剂退火有助于钙钛矿薄膜的结晶。但是当在两种钙钛矿薄膜上制备一层空穴传输材料进行 PL 测试时,荧光特征峰发生了大幅度降低。经过对比发现,MS-per/19∶1 薄膜的荧光峰特征最低,发生了更强的荧光淬灭。从 SEM 和 AFM 图中均可以看到,相比于 TA-per,MS-per/19∶1 条件下制备的钙钛矿薄膜的表面具有较少的起伏不平的小颗粒。表面平滑的钙钛矿薄膜不仅有利于空穴传输层的涂覆,还会对电极的良好蒸镀起到一定效果。通过促进钙钛矿层与空穴传输层的界面结合,从而使界面处电子和空穴更好地分离。

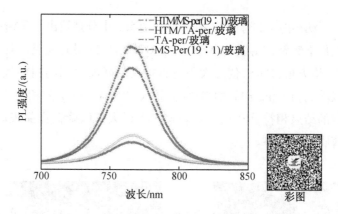

图 5.7　TA-per 和 MS-per/19:1 退火条件下钙钛矿薄膜的 PL 图谱

5.4　电池的长期稳定性能分析

随着钙钛矿材料相关技术在光伏领域迅速发展,相应的光伏器件的光电转换效率纪录不断被突破,但是有机材料组分的劣势也越来越明显,电池的稳定性成为人们关注的重点。在空气中,含有有机材料的钙钛矿太阳能电池的材料会因晶格被破坏而分解。将 TA-per 和 MS-per/19:1 退火条件下的钙钛矿太阳能电池储存在空气中(黑暗条件,室温,相对湿度控制在 40% 以内)进行测试。图 5.8 给出了相应钙钛矿太阳能电池的稳定性测试曲线,表 5.2 和表 5.3 中列出了相应的光电参数。从图中可以看到,对于 TA-per 样品,最开始的 10 天内,光电转换效率下降得不明显,从第 10 天以后发生了明显的下降,60 天后样品的光电转换效率可保持在 13.1% 左右,与最初相比下降了 15%。观察 MS-per/19:1 退火条件下的钙钛矿太阳能电池时惊喜地发现,当储存时间为 30 天时,样品的光电转换效率才发生明显的下降,60 天时钙钛矿太阳能电池的光电转换效率还能达到 15.4%,与最初相比,下降率不足 10%。据文献报道,钙钛矿的降解是从晶粒外侧向内侧发生蔓延的,最终导致薄膜的分解。这也就意味着通过混合溶剂退火的方法成功地增加了晶粒尺寸并减少了晶界数量,有效地缓解了钙钛矿在空气环境中的分解反应,最终达到提高电池的稳定性的目的。

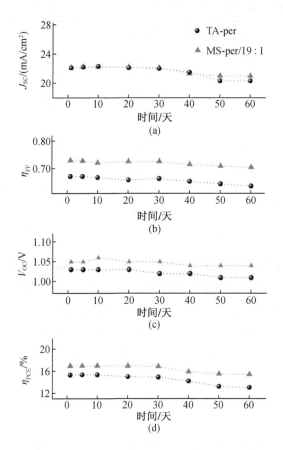

图 5.8　TA‑per 和 MS‑per/19∶1 退火条件下钙钛矿太阳能电池的稳定性测试曲线

表 5.2　TA‑per 退火条件下钙钛矿太阳能电池 60 天内的光电参数

时间/天	J_{SC}/(mA/cm^2)	V_{OC}/V	η_{FF}	η_{PCE}/%
0	22.1	1.03	0.67	15.30
5	22.2	1.03	0.67	15.36
10	22.3	1.03	0.67	15.35
20	22.1	1.03	0.66	15.01
30	22.0	1.02	0.66	14.92
40	21.5	1.02	0.65	14.21
50	20.3	1.01	0.65	13.23
60	20.3	1.01	0.64	13.06

表 5.3 MS-per/19:1 退火条件下钙钛矿太阳能电池 60 天内的光电参数

时间/天	$J_{SC}/(mA/cm^2)$	V_{OC}/V	η_{FF}	$\eta_{PCE}/\%$
0	22.1	1.05	0.73	16.94
5	22.2	1.05	0.73	16.97
10	22.2	1.06	0.72	16.96
20	22.2	1.05	0.73	16.94
30	22.1	1.05	0.73	16.86
40	21.3	1.04	0.72	15.87
50	21.0	1.04	0.71	15.52
60	21.0	1.04	0.71	15.40

本章通过混合溶剂退火的方法制备了高质量、大晶粒的钙钛矿薄膜,研究了 IPA 和 NMP 这两种溶剂在钙钛矿退火结晶过程中的作用,并探究了溶剂不同混合体积比对钙钛矿薄膜形貌和性能的影响,找出最佳的实验条件。通过与常规热退火相比,证实了利用混合溶剂退火可以达到促进晶体生长和提高结晶性的目的。将不同退火条件下的样品组装成钙钛矿太阳能电池,进行光电性能测试,同时还将电池放置在湿度恒定的容器内,对钙钛矿太阳能电池的长期稳定性能进行测试。整个实验探究均在湿度约为 40% 的空气中进行。通过测试分析,得出以下结论:

(1) IPA 作为一种弱配位的溶剂,对 PbI_2 的溶解度较小。与常规热退火环境相比,利用 IPA 溶剂退火可以促进钙钛矿晶粒尺寸的增长。

(2) 在 IPA 溶剂退火的过程中添加一定量的 NMP,使钙钛矿可以在 IPA/NMP 混合溶剂条件下退火结晶。NMP 对 PbI_2 有较强的溶解性,微量的 NMP 蒸气可以使钙钛矿晶体表面溶解并再结晶,通过实现溶解和结晶的动态平衡,获得均匀平滑的钙钛矿薄膜。在 IPA/NMP 混合溶剂的协同作用下获得的钙钛矿薄膜的晶粒尺寸是常规退火条件下的 2 倍,薄膜结晶性提高且表面的粗糙度明显降低。

(3) 将在 IPA 和 NMP 混合体积比不同的条件下制备的钙钛矿薄膜组装成钙钛矿太阳能电池,MS-per/19:1 条件下制备的钙钛矿太阳能电池具有最高的光电转换效率,比常规热退火条件下的钙钛矿太阳能电池提高了 10%,η_{FF} 提高到 0.73。钙钛矿薄膜的晶粒尺寸和结晶性的提高会引起钙钛矿太阳能电池的光电性能的提高。对 TA-per 和 MS-per/19:1 条件下制备的钙钛矿薄膜进行 PL 测试,发现糙度较低的钙钛矿薄膜与空穴传输层之间的界面处的电子和空穴分离得更好。

（4）对 TA-per 和 MS-per/19:1 退火条件下制备的钙钛矿太阳能电池进行稳定性测试,发现 MS-per/19:1 退火条件下制备的钙钛矿太阳能电池在储存了60天后,光电转换效率还能达到15.4%,降解相对缓慢。这一结果证实了利用混合溶剂退火的方法可以通过增加晶粒尺寸来减少晶界数量,有效地缓解钙钛矿在空气环境中的分解反应,最终使钙钛矿太阳能电池的稳定性得以提高。

5.5 参考文献

[1] LEE M M, TEUSCHER J, MIYASAKA T, et al. Efficient hybrid solar cells based on meso-superstructured organometal halide perovskites[J]. Science, 2012, 338(6107):643-647.

[2] BURSCHKA J, PELLET N, MOON S J.. et al. Sequential deposition as a route to high-performance perovskite-sensitized solar cells[J]. Nature, 2013, 499 (7458):316-319.

[3] LIU M Z, JOHNSTON M B, SNAITH H J. Efficient planar heterojunction perovskite solar cells by vapour deposition[J]. Nature, 2013, 501:395-398.

[4] ZHOU H P, CHEN Q, LI G, et al. Interface engineering of highly efficient perovskite solar cells[J]. Science, 2014, 345(6196):542-546.

[5] KONG J, SONG S, YOO M J, et al. Long-term stable polymer solar cells with significantly reduced burn-in loss[J]. Nature Communications, 2014, 5:5688.

[6] LIU C, WANG K, YI C, et al. Efficient perovskite hybrid photovoltaics via alcohol-vapor annealing treatment[J]. Advanced Functional Materials, 2016, 26 (1):101-110.

[7] ZHU W D, YU T, LI F M, et al. A facile, solvent vapor-fumigation-induced, self-repair recrystallization of $CH_3NH_3PbI_3$ films for high-performance perovskite solar cells[J]. Nanoscale, 2015, 7(12):5427-5434.

[8] WU C G, Chiang C H, Chang S H A. Perovskite cell with a record-high-V_{OC} of 1.61 V based on solvent annealed $CH_3NH_3PbBr_3$/ICBA active layer[J]. Nanoscale, 2016, 8(7):4077-4085.

[9] LI Y, JI L, LIU R G, et al. A review on morphology engineering for highly

efficient and stable hybrid perovskite solar cells[J]. Journal of Materials Chemistry A,2018,6(27):12842 – 12875.

[10] YOU J B,YANG Y,HONG Z,et al. Moisture assisted perovskite film growth for high performance solar cells[J]. Applied Physics Letters, 2014, 105 (18):183902.

[11] ZHANG L X,TIAN S,YU Z H,et al. Rational solvent annealing for perovskite film formation in air condition[J]. IEEE Jounal of Photovoltaics,2017,7(5):1338 – 1341.

[12] ZHU L,YUH B,SCHOEN S,et al. Solvent-molecule-mediated manipulation of crystalline grains for efficient planar binary lead and tin triiodide perovskite solar cells[J]. Nanoscale,2016,8(14):7621 – 7630.

[13] LUO P F,LIU Z F,XIA W,et al. Uniform, stable, and efficient planar-heterojunction perovskite solar cells by facile low-pressure chemical vapor deposition under fully open-air conditions[J]. ACS Applied Materials and Interfaces,2015,7(4):2708 – 2714.

[14] WENDEROTT J K, RAGHAV A, SHTEIN M, et al. Local optoelectronic characterization of solvent-annealed, lead-free, bismuth-based perovskite films[J]. Langmuir,2018,34(26):7647 – 7654.

[15] YANG R H,WANG Y F,ZHANG P,et al. To reveal grain boundary induced thermal instability of perovskite semiconductor thin films for photovoltaic devices[J]. IEEE Jounal of Photovoltaics,2019,9(1):207 – 213.

[16] WANG Y F,LIU D T,ZHANG P,et al. Reveal the growth mechanism in perovskite films via weakly coordinating solvent annealing[J]. Science China Materials,2018,61(12):1536 – 1548.

[17] LIU G C,XIE X Y,LIU Z H,et al. Alcohol based vapor annealing of a poly (3,4-ethylenedioxythiophene):poly(styrenesulfonate) layer for performance improvement of inverted perovskite solar cells[J]. Nanoscale,2018,10(23):11043 – 11051.

[18] ZHENG H F, LIU Y Q, SUN J, et al. Micron-sized columnar grains of $CH_3NH_3PbI_3$ grown by solvent-vapor assisted low-temperature(75℃)solid-state reaction:the role of non-coordinating solvent-vapor[J]. Applied Surface Science,2018,437:82 – 91.

[19] 窦尚轶,卫东,蒋皓然,等. NMP 溶剂退火制备高效钙钛矿太阳电池[J]. 中国

测试,2018,44(12):135-140.

[20] 杨少鹏,陶俊雷,陈康,等. 通过 NMP 溶剂工程制备高效平面结构钙钛矿太阳能电池[J]. 河北大学学报,2018,38(2):126-132.

[21] FANG X, WU Y H, LU Y T, et al. Annealing-free perovskite films based on solvent engineering for efficient solar cells[J]. Journal of Materials Chemistry C,2017,5(4):842-847.

[22] KIM G, JEONG J, YOON Y J, et al. The optimization of intermediate semi-bonding structure using solvent vapor annealing for high performance p-i-n structure perovskite solar cells[J]. Organic Electronics,2019,65:300-304.

[23] LI L G, ZHANG F, HAO Y Y, et al. High efficiency planar Sn-Pb binary perovskite solar cells: controlled growth of large grains via a one-step solution fabrication process[J]. Journal of Materials Chemistry C,2017,5:2360-2367.

[24] LIU D, WU L L, LI C X, et al. Controlling $CH_3NH_3PbI_3$-xCl_x film morphology with two-step annealing method for efficient hybrid perovskite solar cells[J]. ACS Applied Materials and Interfaces,2015,7(30):16330-16337.

[25] NIE W Y, TSAI H, REZA A, et al. High-efficiency solution-processed perovskite solar cells with millimeter-scale grains[J]. Science,2015,347(6221):522-525.

[26] SHAO Y C, XIAO Z G, BI C, et al. Origin and elimination of photocurrent hysteresis by fullerene passivation in $CH_3NH_3PbI_3$ planar heterojunction solar cells[J]. Nature Communications,2014,5:5784.

[27] FANG H H, RAISSA R, ABDU-AGUYE M, et al. Photophysics of organic-inorganic hybrid lead iodide perovskite single crystals[J]. Advanced Functional Materials,2015,25(16):2378-2385.

[28] JEON N J, NOH J H, KIM Y C. Solvent engineering for high-performance inorganicorganic hybrid perovskite solar cells[J]. Nature Mater,2014,13(9):897-903.

[29] RAO H X, YE S Y, GU F D, et al. Morphology controlling of all-inorganic perovskite at low temperature for efficient rigid and flexible solar cells[J]. Advanced Energy Materials,2018,8(23):1800758.